高等职业教育

计算机类专业 规划教材

INFORMATION TEC

U0143562

Photoshop图形图像处理案例教程

主　编　刘娟娟
副主编　赵倩红
编　写　郝建妹　程红云　王　宁
　　　　杨美霞　张　楠
主　审　槐彩昌

中国电力出版社
http://jc.cepp.com.cn

内 容 提 要

本书为高等职业教育计算机类专业规划教材。

本书由各高职院校主讲平面设计的专业骨干教师在总结多年教学经验的基础上采用案例方式精心编写而成，涵盖了 Adobe Photoshop 的基础知识点、注意点和难点，并针对 Photoshop 初学者的特点，对工具、图层、路径、通道、蒙版、滤镜等重点难点内容进行了非常透彻的讲解。此外，还提供了练习题，引导读者进行自我测验和上机练习，以巩固所学的知识。

本书可作为高职高专学生学习的案例教程，也可作为平面设计人员及大中专院校学生的自学参考书。

图书在版编目（CIP）数据

Photoshop图形图像处理案例教程／刘娟娟主编．—北京：
中国电力出版社，2010.2
高等职业教育计算机类专业规划教材
ISBN 978-7-5083-9834-1

Ⅰ.①P… Ⅱ.①刘… Ⅲ.①图形软件，Photoshop CS3—高等学校：技术学校—教材 Ⅳ.①TP391.41

中国版本图书馆CIP数据核字（2010）第008575号

中国电力出版社出版、发行
（北京三里河路6号 100044 http://jc.cepp.com.cn）
汇鑫印务有限公司印刷
各地新华书店经售

*

2010年2月第一版 2010年2月北京第一次印刷
787毫米×1092毫米 16开本 9.75印张 232千字
印数0001—3000册 定价16.00元

敬 告 读 者

本书封面贴有防伪标签，加热后中心图案消失
本书如有印装质量问题，我社发行部负责退换

版 权 专 有 翻 印 必 究

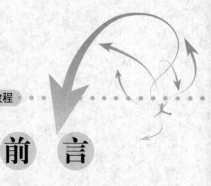

前 言

　　Photoshop 是 Adobe 公司开发的一款功能强大、应用领域广泛的平面设计软件。本书详细介绍了 Photoshop CS3 的相关知识，帮助用户使用该软件完成各种图像处理，并进行商业设计。本书内容包括 Photoshop CS3 基本操作、选区操作、绘画和修饰工具、处理图像色彩和色调、图层应用、文字编辑、绘图工具、通道和蒙版、各种滤镜、动作处理、切片和动画、图像输出等知识，各章把知识讲解和实际操作相结合，使读者在轻松学习的同时，可掌握图像处理的精髓，并可应用于未来的实际工作中。

　　本书共分 7 章，主要内容介绍如下：

　　第 1 章介绍 Photoshop CS3 的基础操作及软件的一些特性。

　　第 2 章介绍工具箱的使用，包括文字工具、路径工具、修图工具、绘图工具、选取工具、其他工具等的使用方法及实例演示。

　　第 3 章介绍图像色调和色彩的调整，包括如何获得需要的颜色、图像色调调整、图像色彩调整以及通过案例——学生手册封面设计来表示其作用。

　　第 4 章介绍图层的应用，包括新建图层、图层的基本操作、图层样式、填充图层和调整图层、合并图层及图层复合、智能对象。

　　第 5 章介绍通道与蒙版，包括通道的基本类型、通道调板、通道的操作、专色通道、蒙版、图像混合运算。

　　第 6 章介绍历史记录和动作，包括了解历史记录、了解动作。

　　第 7 章介绍滤镜和插件，包括了解滤镜、滤镜命令的应用方法，特殊滤镜、重要内置滤镜的讲解及外挂滤镜的应用。

　　通过本书的学习，希望读者能够举一反三，充分理解各种物质的特性并灵活运用 Photoshop CS3 这个工具。

　　由于作者水平有限，书中难免出现疏漏之外，敬请广大读者批评指正。

刘娟娟

2010 年 1 月

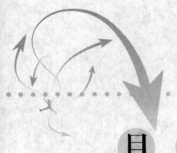

目　录

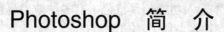
1

Photoshop 简 介

　　Photoshop 是平面图像处理业界霸主 Adobe 公司推出的跨越 PC 和 MAC 两界首屈一指的大型图像处理软件，也是 Adobe 公司旗下最为出名的图像处理软件之一。它功能强大，操作界面友好，得到了广大第三方开发厂家的支持，从而也赢得了众多用户的青睐。

学习重点
- 了解 Adobe Photoshop 的基本概念和软件界面及基本操作。
- 了解 Adobe Photoshop CS3 的新功能。

1.1　Photoshop 软件概述

　　Adobe Photoshop 最初的程序是由 Mchigan 大学的研究生 Thomas 创建，后经 Knoll 兄弟以及 Adobe 公司程序员的努力，Adobe Photoshop 产生巨大的转变，一举成为优秀的平面设计编辑软件。它的诞生可以说掀起了图像出版业的革命，目前 Adobe Photoshop 已经升级到了 CS 版本，它的每一个版本都增添新的功能，这使它获得越来越多的支持者，也使它在诸多的图形图像处理软件中立于不败之地。

　　Adobe 产品的升级更新速度并不快，但每一次推出新版总会有令人惊喜的重大革新。Photoshop 从当年名噪一时的图形处理新秀，经过 3.0、4.0、5.0、5.5、6、7、CS 的不断升级，功能越来越强大，处理领域也越来越宽广，逐渐建立了图像处理的霸主地位（CS 是 Adobe Creative Suite 一套软件中后面两个单词的缩写，代表"创作集合"，是一个统一的设计环境，将 Adobe Photoshop CS2、Illustrator CS2、InDesign CS2、GoLive CS2 和 Acrobat 7.0 Professional 软件与 Version Cue CS2、Adobe Bridge 和 Adobe Stock Photos 相结合）。

　　Photoshop 为我们提供了相当简捷和自由的操作环境，从而使我们的工作游刃有余，从某种程度上来讲，Photoshop 本身就是一件经过精心雕琢的艺术品，更像为您量身定做的衣服，刚开始使用不久就会觉得倍感亲切。

　　当然，简捷并不意味着傻瓜化，自由也并非随心所欲，Photoshop 仍然是一款大型处理软件，想要用好它更不会在朝夕之间，只有经过长时间的学习和实际操作才能充分贴近它。

1.2　类 似 软 件

一、Photopaint

　　它是加拿大 Corel 公司的一款位图处理软件，功能类似 Photoshop，它之前一直搭配 Coreldraw 捆绑销售。

二、Painter

它是 Corel 公司的一款专业位图绘画工具，可模拟很多绘画笔触及其风格。

三、PhotoFiltre

它是一款功能强大、容易上手的图像编辑软件。它自带多个图像特效滤镜，可方便地做出各式各样的图像特效；文本输入功能颇具特色，有多种效果可供选择，并能自由地调整文本角度；内置 PhotoMasque（图像蒙版）编辑功能。

四、光影魔术手

它是对数码照片画质进行改善及效果处理的软件。它简单、易用，不需要任何专业的图像技术，就可以制作出专业胶片摄影的色彩效果。

1.3 应 用 领 域

多数人对于 Photoshop 的了解仅限于"一个很好的图像编辑软件"，并不知道它的诸多应用方面，实际上，Photoshop 的应用领域很广泛，在图像、图形、文字、视频、出版各方面都有涉及。

一、平面设计

平面设计是 Photoshop 应用最为广泛的领域，无论是我们正在阅读的图书封面，还是大街上看到的招贴、海报，这些具有丰富图像的平面印刷品，基本上都需要 Photoshop 软件对图像进行处理。

二、修复照片

Photoshop 具有强大的图像修饰功能。利用这些功能，可以快速修复一张破损的老照片，也可以修复人脸上的斑点等缺陷。

三、广告摄影后期处理

广告摄影作为一种对视觉要求非常严格的工作，其最终成品往往要经过 Photoshop 的修改才能得到满意的效果。

四、影像创意

影像创意是 Photoshop 的特长，通过 Photoshop 的处理可以将原本无关系的对象组合在一起，也可以使用"狸猫换太子"的手段使图像发生面目全非的巨大变化。

五、艺术文字

利用 Photoshop 可以使文字发生各种各样的变化，并利用这些艺术化处理后的文字为图像增加效果。

六、网页制作

网络的普及是促使更多人需要掌握 Photoshop 的一个重要原因。因为在制作网页时，Photoshop 是必不可少的网页图像处理软件。

七、建筑效果图后期修饰

在制作建筑效果图包括许多三维场景时，人物与配景包括场景的颜色常常需要在 Photoshop 中增加并调整。

八、绘画

由于 Photoshop 具有良好的绘画与调色功能，许多插画设计制作者往往使用铅笔绘制草稿，然后用 Photoshop 填色的方法来绘制插画。

除此之外，近些年来非常流行的像素画也多为设计师使用 Photoshop 创作的作品。

九、绘制或处理三维贴图

在三维软件中，如果能够制作出精良的模型，而无法为模型应用逼真的贴图，也无法得到较好的渲染效果。实际上在制作材质时，除了要依靠软件本身具有材质功能外，利用 Photoshop 可以制作在三维软件中无法得到的合适的材质也非常重要。

十、婚纱照片设计

当前越来越多的婚纱影楼开始使用数码相机，这也使得婚纱照片设计的处理成为一个新兴的行业。

十一、视觉创意

视觉创意与设计是设计艺术的一个分支，此类设计通常没有非常明显的商业目的，但由于它为广大设计爱好者提供了广阔的设计空间，因此越来越多的设计爱好者开始学习 Photoshop，并进行具有个人特色与风格的视觉创意。

十二、图标制作

虽然使用 Photoshop 制作图标在感觉上有些大材小用，但使用此软件制作的图标的确非常精美。

十三、界面设计

界面设计是一个新兴的领域，已经受到越来越多的软件企业及开发者的重视，虽然暂时还未成为一种全新的职业，但相信不久一定会出现专业的界面设计师职业。当前还没有用于做界面设计的专业软件，因此绝大多数设计者使用的都是 Photoshop。

上述列出了 Photoshop 应用的 13 大领域，但实际上其应用不止这些。例如，目前的影视后期制作及二维动画制作，Photoshop 也是有所应用的。

1.4 Photoshop CS3 的新功能

Photoshop CS3 版本新增了很多实用而重要的功能，下面让我们来看看它到底都新增了哪些功能。

一、HDR 文件的编辑与合成

我们一般用到的图像多是 8bit 级或者 16bit 级来区分图像亮度，HDR 是一种 32 位的高动态范围图像，除了我们所能看到的 RGB 色之外，它还包含图像真实的亮度信息。HDR 用在 3D 里是作为环境背景使场景中的物体产生模仿自然界的真实的反射与折射的效果，比如在制作一个不锈钢的灶具的时候，不锈钢会反射和折射周围物体，这时就需要在材质贴图里为其制定一个 HDR 文件，这样渲染出来的不锈钢才会显得更真实，因此 HDR 是 3D 里面一个经常用到也很重要的图像格式。Photoshop CS3 现在已经可以直接打开 HDR 文件并且进行编辑。在新版的 PS 中，打开"文件-自动-Merge to HDR"，可以导入两个或两个以上的图像文件（不限图像格式），PS 会自动将其合成为 HDR 文件，合成后的 HDR 文件可以用视图下的"32-bit Preview Options"对文件的曝光度和珈玛值进行调整。

二、视频处理功能

新的 PS3 可以导入*mov、*mpg、*avi、*mpeg 格式的视频文件，CS3 会将导入的文件分层分帧，与在 Imageready 里制作 Gif 动画方法一样。

三、集成了 Imageready 的动画

CS3 集成了 Imageready 的 Animation 功能，现在如果要制作动态图像，就不用再导入到 Imageready 里，CS3 已经完全可以帮你搞定，而且制作出来的动态图像也可以将它渲染为视频文件。可以预见的是，Imageready 可能就此要退休了。

四、新增的快速选择工具（Quick Selection Tool）

快速选择工具位于原来的魔棒工具堆栈里，CS3 显然更看重这个比魔棒工具更智能的选择工具，因而把这个工具置为默认选择工具。事实上，快速选择工具确实更加智能和快捷，只要在工具面板里选择 "Quick Selection Tool"，然后在画面中单击目标画面，就可以准确地选择出需要被勾选到的地方。

五、新的 UI 设计和界面布局

作为一款最经典的平面设计软件，CS3 带给我们更高的用户体验，新版本的界面布局跟之前的版本有了很大的不同，这些改进措施节约了更多的工作空间，扩大了视图范围，提高了我们的工作效率。其表现在以下几方面：

（1）左侧的工具条由以前的双列变为单列，扩大了左侧的视图区域，当然，如果你习惯了以前的双列显示，你可以通过工具条上面的双箭头切换到双列工具条。

（2）更加灵活的调板组合。右侧的调板可以自由地组合和调整大小，也可以通过调板上方的双箭头将各种调板以图标的方式显示，要调出某个调板，可以单击图标，相应的调板就会展开。如果你对某个调板在视图区的布局还不满意，可以拖动这个调板到右侧的调板堆栈附近，当出现蓝色粗线时放开鼠标左键，这样就会为这个调板单独设置一个标签。

（3）丰富的工作区选择。CS3 提供了更多的工作模式，在"窗口—工作区"下，我们可以看到针对不同的 Photoshop 使用者提供的预设模式。比如你是一位 web designer，你就可以在这里选择对应的 web design 工作区模式，这时与网页设计有关的按钮会以高亮显示，或者生成相应的快捷键，免去了我们睁大眼睛寻找某个菜单的麻烦。

1.5　Photoshop CS3 界面介绍

Photoshop CS3 工作界面包括标题栏、菜单栏、选项栏、工具箱、状态栏、图像窗口、调板窗口、调板井和转到 Bridge，如图 1-1 所示。下面分别对各部分的功能进行简要介绍：

图 1-1　Photoshop CS3 工作界面

（1）标题栏：标题栏左侧显示了应用程序的名称"Adobe Photoshop"，右侧显示了最小化、向下还原和关闭操作的快捷按钮。当 Photoshop 上的图像窗口以最大化方式显示时，标题栏上将显示正在编辑图像的名称、显示比例等各种属性。

（2）菜单栏：菜单栏包括 9 个命令菜单，它提供了编辑图像和控制工作界面的命令，在 Photoshop CS3 版本中，用户还可以向菜单项添加颜色来自定菜单栏，如图 1-2 所示。

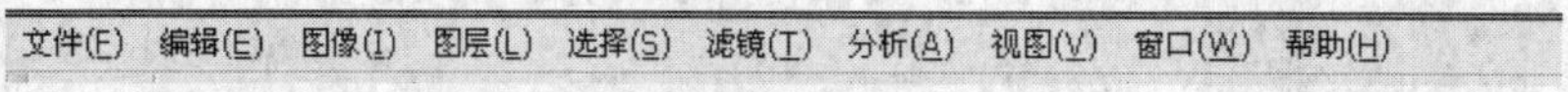

文件(F)　编辑(E)　图像(I)　图层(L)　选择(S)　滤镜(T)　分析(A)　视图(V)　窗口(W)　帮助(H)

图 1-2　菜单栏

（3）选项栏：选项栏上可以显示和设置当前选择工具的各项参数，如图 1-3 所示。

图 1-3　选项栏

（4）工具箱：工具箱中提供了多种创建和编辑图像的工具，如图 1-4 所示。

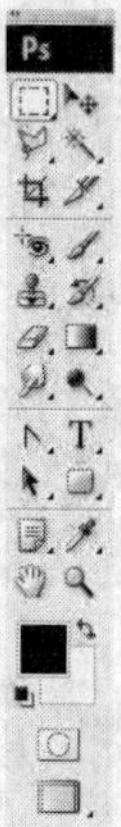

（5）状态栏：状态栏显示了当前文档的基本信息，可选择显示不同种类的文档信息。

　　注意：原先在状态栏上显示的当前工具或正在使用功能的简单提示说明，现在被移到"信息"调板中了。

（6）图像窗口：图像窗口显示了当前打开的文件，是编辑或处理图像的区域。

（7）调板窗口：调板窗口主要用于监控和修改图像。在 Photoshop CS3 版本中，用户可以显示、隐藏调板菜单中的项目，或为项目添加颜色。

图 1-4　工具箱

（8）调板井：调板井的主要作用是在工作区域中组织调板。

（9）转到 Bridge：转到 Bridge 就是以前的"文件浏览器"，用于组织、浏览和寻找所需资源，用于创建供印刷、网站和移动设备使用的内容。

2

工具箱的使用

　　工具箱中的工具使用用户可以使用文字、选择、绘画、绘图、取样、编辑、移动、注释和查看图像等。Photoshop CS3 最大的改变就是工具箱，变成可伸缩的，可为长单条和短双条，要想制作精美的作品，必须灵活使用工具箱中的工具。

学习重点

- 了解选区的基本概念和基本操作，各种选区工具的基本功能和特点；了解颜色选择的基本方法、绘画工具的功能；了解各种图像变换与修饰工具、命令的基本功能与特点；了解路径的基本概念及建立、编辑、管理和应用路径的方法。
- 掌握建立选区、调整选区、对选区图像进行基本操作的方法和技巧；掌握绘画工具的用法；掌握图像的变换与修饰的方法；掌握建立工作路径、图层剪贴板路径的具体方法，以及路径编辑、管理的方法和技巧；掌握文字输入、文字编辑及文字特效的制作。

2.1 选 取 工 具

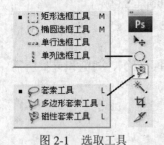

图 2-1　选取工具

　　Photoshop 中的选区大部分是靠选取工具来实现的。选取工具共 8 个，集中在工具栏上部，分别是矩形选框工具、椭圆选框工具、单行选框工具、单列选框工具、套索工具、多边形套索工具、磁性套索工具、魔棒工具，如图 2-1 所示。

2.1.1 矩形选框工具

　　矩形选框按钮为，它可以用鼠标在图层上拉出矩形选框。先单击，鼠标在图层上变为＋字形，用鼠标拖动在图像中画出一个矩形。所选中区域的线变为高亮虚线，可进一步对选中区域进行其他操作。

　　矩形选框工具任务栏分为三部分：修改方式、羽化与消除锯齿、样式，如图 2-2 所示。

图 2-2　矩形选框工具

修改方式分为四种：

　　（1）新选区。单击它时可以创建新的选区，如果已经存在选区，则会去掉旧选区，而创建新的选区；在选区外单击，则取消选择。

　　（2）添加到选区。单击它时刻以创建新的选区，也可在原来选区的基础上添加新的选区，相交部分选区的滑动框将去除，同时形成一个新选区，如图 2-3～图 2-5 所示。

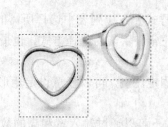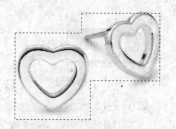

图 2-3 步骤一   图 2-4 步骤二   图 2-5 步骤三

（3）▥ 从选区减去。单击它可以创建新的选区，也可在原来选区的基础上减去不需要的选区，如图 2-6～图 2-8 所示。

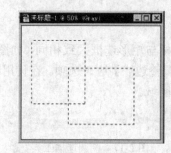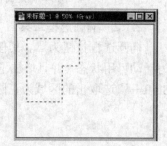

图 2-6 步骤一   图 2-7 步骤二   图 2-8 步骤三

（4）▥ 与选区交叉。单击它可以创建新的选区，也可以创建与原来选区相交的选区，如图 2-9～图 2-11 所示。

图 2-9 步骤一   图 2-10 步骤二   图 2-11 步骤三

羽化：羽化可以软化硬边缘，如图 2-12 所示，也可使选区填充的颜色向其周围逐步扩散，如图 2-13 所示。在【羽化】文本框中输入数值（其取值范围为 0～255）可设置羽化半径。

图 2-12 羽化软化硬边缘   图 2-13 羽化使选区填充的颜色向其周围逐步扩散

图 2-14　样式下拉列表

在【样式】下拉列表中选择所需的样式样式，如图 2-14 所示。

（1）正常。默认的选择方式，也最为常用。可以用鼠标拉出任意矩形。

（2）固定比例。可以任意设定矩形的宽高比。宽度、高度缺省值为 1，如图 2-15 所示。

（3）固定大小。在这种方式下可以通过输入宽和高的数值来精确确定矩形的大小，如图 2-16 所示。

图 2-15　固定比例　　　　　　　　　　　　　　　　图 2-16　固定大小

2.1.2　椭圆选框工具

椭圆选框按钮为 ◯，其任务栏与矩形选框大致相同（如图 2-17 所示），只是 ☑消除锯齿 选项变为活动可用状态，并且增加了【调整边缘】这一选项。在使用时只需按矩形的操作进行即可。Shift＋◯ 选取出的区域为正圆形区域。

图 2-17　椭圆选框工具

一、消除锯齿

在 Photoshop 中生成的图像为位图图像，而位图图像使用颜色网格（像素）来表现图像。每个图像都有自己特定的位置和颜色值。在进行椭圆、圆形或其他不规则选区选取时就会产生锯齿边缘，所以 Photoshop 就提供了【消除锯齿】选项，用来消除锯齿现象。图 2-18 为没有勾选和勾选【消除锯齿】选项的比较图。

二、调整边缘按钮

所有的选择工具都包含调整边缘选项。单击【调整边缘】按钮，弹出如图 2-19 所示对话框，可以定义边缘的半径、对比度、平滑、羽化程度等，可以对选区进行收缩和扩充，另外还有多种显示模式可选，比如快速蒙版模式和蒙版模式等，非常方便。

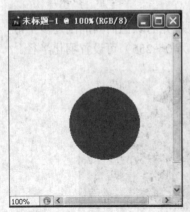  

图 2-18　没有勾选和勾选【消除锯齿】选项的比较图　　　　　图 2-19　调整边缘

【例2-1】 　利用选区进行"花"的制作。

解 　（1）新建一个图形文件，建立两条垂直相交
辅助线，画一个正圆选区并填充红色，按 Ctrl +T 将变
化中心移到辅助线交叉点，设置旋转 72°，按 Ctrl +Alt
+Shift，再连续按 T 四次形成花瓣的形状。

（2）新建一层，以辅助线交叉点为圆心画一个选
区，并填充黄色。

（3）新建一层，利用椭圆选区工具的减选区功能
绘制花杆。

（4）新建一层，利用选区交叉原理绘制叶子，最
后制作的图形如图 2-20 所示。

图 2-20 　［例 2-1］的图

2.1.3　单行、单列选框工具

一、单行选框工具

选中单行工具，其选项栏如图 2-21 所示，将鼠标移动到文件中按下鼠标左键，可以创建
高度为 1 像素的选择区域，如图 2-22 所示。

图 2-21　单行工具选项栏

图 2-22　高度为 1 像素的选择区域

二、单列选框工具

选中单列工具，其选项栏如图 2-23 所示，将鼠标移动到文件中按下鼠标左键，可以创建
宽度为 1 像素的选择区域，如图 2-24 所示。

图 2-23　单列工具选项栏

图 2-24   宽度为 1 像素的选择区域

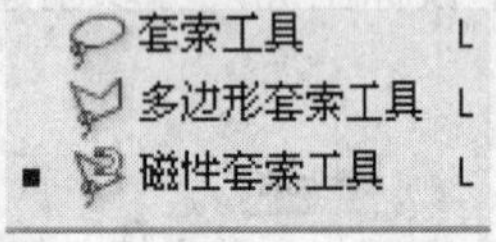

图 2-25   3 种套索工具

2.1.4   套索工具组

Photoshop CS3 提供 3 种套索工具，如图 2-25 所示，使用套索工具可以选取出任意形状的选区。

一、套索工具

如果所要选取的图形不规则，矩形和椭圆选取工具就不能做到，这时就可利用的套索工具，它以徒手画的方式描绘出不规则形状的选取区域。索套选项工具与矩形选框工具的选项相同，作用与用法也一样，这里就不重复了，如图 2-26 所示。

二、多边形套索工具

多边形套索工具可以在图像中选取出不规则的多边图形，其选项栏（如图 2-27 所示）与矩形选框工具的选项相同，作用与用法也一样，这里就不再介绍了。

图 2-26   套索工具 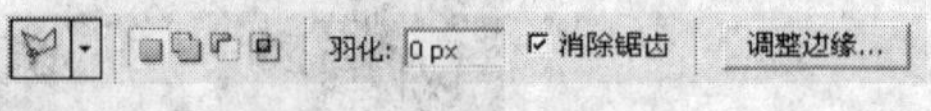   图 2-27   多边形套索工具

将鼠标移到图像在使用套索工具时，可以通过任意拖动来绘制所需的选区。

（1）当从起点处向终点处拖动鼠标，并且起点于终点不重合时，松开鼠标左键后，系统会自动在起点与终点之间用直线连接，从而得到一个封闭的选区。

（2）从起点处按住左键向所需的方向拖动，直至返回到起点处松开左键，即可得到一个封闭的曲线选区。

（3）如果要在曲线中绘制直线选框，请按住 Alt 键后松开鼠标左键，然后移动鼠标到所需的点单击，再次移动并单击，这样多次移动并单击后可得到多条直线段。如果要返回到绘制曲线选区状态，只需按住左键拖动即可；如果要结束选区的选取，可直接返回到起点处松开左键或 Alt 键即可。

三、磁性套索工具

磁性套索工具是一种具有可识别边缘的套索工具。它可在图像中选出不规则的但图形颜色和背景颜色反差较大的图形。选中按钮，任务栏也就相应地显示为磁性套索工具的选项，如图 2-28 所示。

图 2-28　磁性套索工具

部分选项说明如下：

（1）宽度：在其文本框中可输入 1～256 之间的数值，从而确定选取时探查的距离，数值越大探查的范围就越大，如图 2-29 所示。

（2）对比度：在其文本框可输入 1%～100% 之间的数值，用来设置套索的敏感度，数值大可用来探查对比度高的边缘，数值小可用来探查对比度低的边缘。

（3）频率：在文本框中可输入 0～100 之间的数值，用来设置紧固点的速率，速率越高紧固点的数量越多，就能更快地固定选取边框。

（4）　使用绘图板压力以更改钢笔宽带：当用户使用光笔绘图与编辑图像时，如果选择了该选项，则增大光笔压力时将导致边缘宽度减小。

图 2-29　宽度

【例 2-2】　制作枫树开花实例。

解　（1）在 Photoshop CS3 中打开枫叶和花朵素材图片，如图 2-30 和图 2-31 所示。

图 2-30　花朵素材图片　　　　　　　　　　图 2-31　枫叶素材图片

（2）选择磁性套索工具，设置好其属性参数，然后沿花朵的边缘移动光标选取一朵花，如图 2-32 所示。

（3）从工具箱中选择移动工具，将花拖入枫叶图片中，如图 2-33 所示。

（4）选取另外两朵花的方法同上，从工具箱中选择套索工具，分别选取另外两朵花，并将它们拖入枫叶图片中，如图 2-34 所示。

图 2-32　选取一朵花　　　　图 2-33　将花拖入枫叶图片中　　　图 2-34　另外两朵花拖入枫叶图片中

2.1.5　魔棒工具组

一、快速选择工具

Adobe Photoshop CS3 新增的"快速选择工具"功能非常强大，给用户提供了难以置信的优质选区创建解决方案。这一工具被添加在工具箱的上方区域，与魔棒工具归为一组。Adobe 认识到快速选择工具要比魔棒工具更为强大，所以将快速选择工具显示在工具箱面板中显眼的位置，而将魔棒工具藏在里面。

在使用时可以不用任何快捷键进行加选，按住不放可以像绘画一样选择区域，非常神奇。当然选项栏也有新、加、减三种模式可选，快速选择颜色差异大的图像会非常的直观、快捷。

快速选择工具的选项栏，如图 2-35 所示。

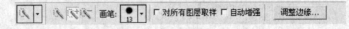

图 2-35　快速选择工具的选项栏

如同许多其他工具，快速选择工具的使用方法是基于画笔模式的。也就是说，你可以"画"出所需的选区。如果是选取离边缘比较远的较大区域，就要使用大一些的画笔大小；如果是要选取边缘则换成小尺寸的画笔大小，这样才能尽量避免选取背景像素。

提示：要更改画笔大小，可以使用选项栏中 Brush 一侧的下拉列表，也可以直接使用快捷键"["或"]"来增大或减小画笔大小。

【例 2-3】　使用快速选择工具抠图。

解　（1）在 Photoshop CS3 中打开一幅非洲菊的图像，如图 2-36 所示。

（2）快速选择工具是智能的，它比魔棒工具更加直观和准确。你不需要在要选取的整个区域中涂画，快速选择工具会自动调整你所涂画的选区大小，并寻找到边缘使其与选区分离，如图 2-37 所示。

图 2-36　步骤一

图 2-37　步骤二

（3）可是如果有些区域不想选中，却仍包含到了选区里面，这时该怎么办呢?很简单，只需要将画笔大小调小一些，然后按住 Option/Alt 键，再用快速选择工具去"画"一下这些区域就可以了，如图 2-38 和图 2-39 所示。

图 2-38　步骤三

图 2-39　步骤四

（4）单击选项栏中【调整边缘】按钮并打开一个对话框，在对话框中可以所做的选区做精细调整，可以控制选区的半径和对比度，可以羽化选区，也可以通过调节光滑度来去除锯齿状边缘，同时并不会使选区边缘变模糊，以及以较小的数值增大或减小选区大小。我们选择快速蒙版模式，如图 2-40 所示。

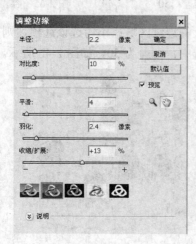

图 2-40　步骤五

图 2-41 步骤六

在调整这些选项时，我们可以实时地观察到选区的变化，从而在应用选区之前确定所做的选区是否精准无误。如果觉得选区已经优化得不错，就可以单击【确定】按钮接受选区，然后再根据需要将其从图像中移除，或者在不影响选区之外内容的情况下编辑选区中的像素。

（5）图 2-41 为去除背景后的花朵图像。

二、魔棒工具

它是一个神奇的选取工具，可以用来选取图像中颜色相似的区域，当用魔棒工具单击某个点时，与该点颜色相似和相近的区域将被选中，可以在一些情况下节省大量的精力来达到意想不到的结果。魔棒工具的选项栏如图 2-42 所示，包括选取方式、消除锯齿、容差、连续、对所有图层取样。

容差: 32   ✓消除锯齿   ✓连续   □对所有图层取样   调整边缘...

图 2-42 魔棒工具的选项栏

部分选项说明如下：

（1）容差。容差是用来控制颜色的误差范围。其值越大，选择区域越广，数值范围在 0～255 之间，系统默认为 32。图 2-43～图 2-45 为容差取值不同时的效果图。

图 2-43 容差：20   图 2-44 容差：50   图 2-45 容差：100

（2）连续。勾选该选项，只能选择色彩相近的连续区域；不勾选该选项，则可以选择图像上所有色彩相近的区域。例如用魔棒不连续选中，容差为 50，如图 2-46 所示。

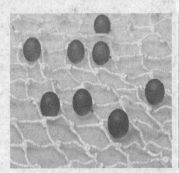 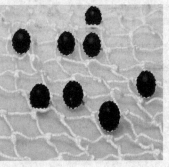

图 2-46 连续

（3）对所有图层取样。勾选该选项，可以在所有可见图层上选取相近的颜色；如果不勾选该选项，则只能在当前可见图层上选取颜色，如图 2-47 所示。

图 2-47　对所有图层取样

2.2　绘　图　工　具

2.2.1　画笔工具组

画笔工具组包括画笔工具、铅笔工具和颜色替换工具，如图 2-48 所示。画笔工具分别用于绘制边缘较柔和的笔画以及硬笔画两种不同的效果；铅笔工具画出的曲线是硬的，有棱角的，工作方式与画笔相同；颜色替换工具能够简化图像中特定的颜色的替换，可以使用校正颜色在目标颜色上绘图，在图像处理中有广泛的应用范围。

图 2-48　画笔工具组

一、画笔工具

在使用画笔工具进行工作时，除了要正确设置前景色外，为了得到满意的效果，还必须正确设置画笔工具选项。画笔工具的选项栏如图 2-49 所示。

图 2-49　画笔工具的选项栏

部分选项说明如下：

（1）画笔。它用来编辑画笔笔头形状及其大小，其下拉选项如图 2-50 所示。

主直径：用来设置当前选择画笔的笔头大小，可以在下方的笔头形状选项窗口中直接选取，也可以通过拖动主直径下方的滑动按钮调整当前选择的笔头大小，直接在右侧的窗口中输入适当的数值，能更精确地设置笔头的大小。

单击面板右上角的按钮，可以弹出下拉菜单，如图 2-51 所示。

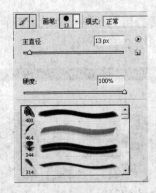
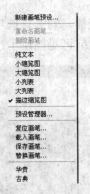

图 2-50　画笔选项　　　　　　　　图 2-51　下拉菜单

1）新建画笔预设：为新设置的画笔起名称，并保存在笔头形状选项窗口中，如图 2-52 所示。

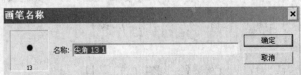

图 2-52　新建画笔预设

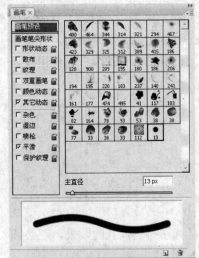

2）重新命名画笔：重新为画笔命名。

3）删除画笔：将选中的画笔删除。

4）纯文本：画笔的样式只以纯文本的形式显示。

5）小缩览图：画笔样式以较小的缩览图形式显示。

6）大缩览图：画笔样式以较大的缩览图形式显示。

（2）画笔预设。在画笔选项栏中点选 🔲【画笔预设】选项，即可看到各种预设的画笔，如图 2-53 所示。其中预设对应一系列的画笔参数。

二、自定画笔

使用【定义画笔预设】命令将图像中的一部分或全部定义为预设的画笔。

（1）打开一张图片，如图 2-54 所示，在菜单栏中执行【编辑】→【定义画笔预设】命令，弹出如图 2-55 所示的对话框，在【名称】文本框中自定义画笔命名，这里采用

图 2-53　画笔预设

默认名称，单击【确定】按钮，即可将图像的全部定义为画笔。

图 2-54　步骤一　　　　　　　　　　图 2-55　步骤二

（2）在工具箱中选择 画笔工具，并在选项栏的画笔弹出式调板中拖动滑块到最下方，即可查看到刚定义的画笔，如图 2-56 所示。

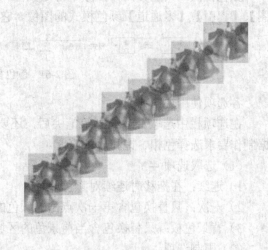

图 2-56　步骤三　　　　　　　　　　　　　　图 2-57　步骤四

（3）设定前景色为 R：34，G：160，B：9，按 Ctrl+N 键新建一个大小为 400×400 像素的文件，并且用画笔在画面的左下角按住左键向右上角拖动，得到所需的效果后松开左键，用自定义的画笔笔尖绘制后的效果如图 2-57 所示。

三、铅笔工具

铅笔工具 工作原理与实际中的铅笔相似，画出的曲线是硬的、有棱角的，工作方式与画笔相同。铅笔工具的选项栏包括笔刷选项、方式、模式、不透明度、自动抹除、笔刷动力，如图 2-58 所示。

图 2-58　铅笔工具选项栏

部分选项说明如下：

铅笔工具可以创建硬边线条。它的基本应用和画笔工具相同，只是多了一个自动抹掉的选项，这是铅笔工具有的特殊功能。

勾选【自动抹除】选项，在前景色上开始拖移，则用背景色绘画；在背景色上开始拖移，则用前景色绘画，如图 2-59 所示。如果不勾选它，则只用前景色绘画，如图 2-60 所示。

图 2-59　勾选自动抹除选项　　　　　　　　图 2-60　不勾选自动抹除选项

四、颜色替换工具

颜色替换工具能够简化图像中特定颜色、亮度或饱和度替换。颜色替换工具不适用于【位图】、【索引】、【多通道】颜色模式的图像。它的选项栏如图 2-61 所示。

图 2-61　颜色替换工具选项栏

各选项使用说明如下：

在选项栏中选取合适的画笔笔尖后，还要选择混合模式，通常使用"颜色"，也可以根据制作要求选择色相、饱和度或亮度。

（1）选取选项 ☑☑☑。

1）连续：在拖移时连续对颜色取样。

2）一次：只替换包含第一次点击的颜色的区域中的目标颜色。

3）背景色板：只替换包含当前景色的区域。

（2）限制选项。

1）连续：替换与紧挨在指针下的颜色邻近的颜色。

2）不连续：替换出现在指针下任何位置的样本颜色。

3）查找边缘：替换包含样本颜色的连接区域，同时更好地保留形状边缘的锐化程度。

（3）容差选项中，输入一个百分比值（范围为 0～255）或者拖移滑块，如果选取较低的

百分比可以替换与所点击像素非常相似的颜色，而增加该百分比可替换范围更广的颜色。

（4）要为所校正的区域定义平滑的边缘，我们可以选择【消除锯齿】。

【例2-4】　用颜色替换工具将黑白图像转换成彩色图像。

解　（1）选择一张黑白图像，如图 2-62 所示。

（2）显示【颜色】与【色板】面板，并在颜色面板中设定前景色 R：255，G：0，B：0，如图 2-63 所示，用来标示花的颜色，再在色板面板中单击按钮，将刚设定的颜色存放在色板面板中，如图 2-64 所示。

图 2-62　步骤一

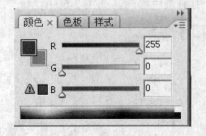

图 2-63　步骤二

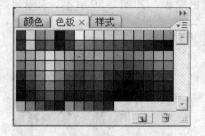

图 2-64　步骤三

（3）在工具箱中选择颜色替换工具，并在选项栏中设定【模式】为【颜色】，接着在画笔的弹出式调板中格局需要设置合适的【直径】大小，【硬度】为 0%，其他为默认值，如图

2-65 所示,再在任务的花上进行涂抹,以给花上色,效果如图 2-66 所示。

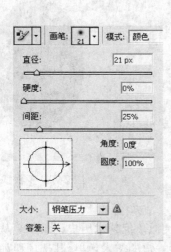

图 2-65　步骤四　　　　　　　　　　　图 2-66　步骤五

2.2.2　历史记录画笔工具和历史记录艺术画笔工具

历史记录画笔工具用于将图像恢复到被选中的某一快照或操作状态。该工具创建图像的拷贝或样本,然后用它来绘画。在 Photoshop 中,也可以用历史记录艺术画笔工具绘画,以创建特殊效果。

历史记录艺术画笔工具可以使用指定历史记录状态或快照中的源数据,以风格化描边进行绘画,通过尝试使用不同的绘画样式、大小和容差选项,可以用不同的色彩和艺术风格模拟绘画的纹理。

与历史记录画笔工具一样,历史记录艺术画笔工具可以是用指定的历史记录状态或快照作为数据源。但是,历史记录画笔工具通过重新指定的源数据来绘画,而历史记录艺术画笔工具在使用这些数据的同时,还使用用户为创建不同的色彩和艺术风格设置的选项。

一、历史记录画笔工具

在工具箱中选择历史记录画笔工具,就会在选项栏中显示它的相关选项,如图 2-67 所示。

图 2-67　历史记录画笔工具选项栏

我们可以从选项栏中设置画笔的大小、颜色合成模式、不透明度以及渐变效果。这些属性设置与前面的几种工具中的相关属性的设置相似,这里不再重复,下面我们以实例来说明历史记录画笔工具的具体应用。

(1)打开一幅图像文件,如图 2-68 所示。

(2)将前景色和背景色设置为默认的颜色,按 Alt+Delete 键,将该图填充为白色。

(3)在图像中绘制一个椭圆选区,如图 2-69 所示。

(4)在工具箱中选中历史记录画笔工具,在选区内拖动鼠标,直到选区内的图像中花朵显现出来,如图 2-70 所示。

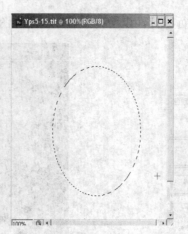

图 2-68　步骤一　　　　　　　　图 2-69　步骤二　　　　　　　　图 2-70　步骤三

二、历史记录艺术画笔工具

历史记录艺术画笔与历史记录画笔工具的使用方法类似，但艺术历史记录画笔从当前图像状态恢复到某一历史状态时能增加一些艺术描绘，产生一定的艺术效果，其选项栏如图 2-71 所示。

图 2-71　历史记录艺术画笔工具选项栏

与历史记录画笔工具相比，它多了以下几个选项：

（1）样式：用于选择历史记录艺术画笔的绘画风格。单击其右侧的下拉按钮，在弹出的列表中共有十种风格可以选择，如图 2-72 所示。

（2）区域：用于设定笔触的感应范围。

（3）间距：用于设置笔刷的容差。

图 2-73～图 2-75 分别为原图和应用了不同样式中的效果图。

图 2-72　样式　　　　　　　　　　　　图 2-73　原图

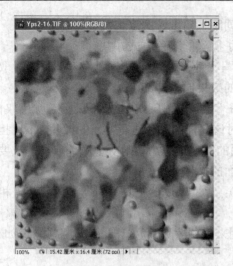

图 2-74　效果图一

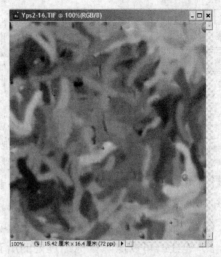

图 2-75　效果图二

2.2.3　抹除工具

在 Photoshop 中提供了 3 种抹除工具，分别为橡皮擦工具、背景橡皮擦工具和魔术橡皮擦工具，它们的作用是擦除、修改图像，其表现效果各不相同。其工具组如图 2-76 所示。

一、橡皮擦工具

橡皮擦工具是最基本的擦除工具，它主要用于擦除图像及颜色，并填入背景色。使用【橡皮擦】工具擦除图像时，图像中被擦除的部分将以背景色填充。选择【橡皮擦】工具后，工具选项栏如图 2-77 所示。

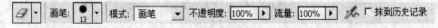

图 2-77　橡皮擦工具选项栏

（1）画笔：此选项列表用于设置橡皮擦的形状和大小。

（2）模式：设置橡皮擦的笔触特性，包括画笔、铅笔和方块。

（3）不透明度：可以设定擦除时的透明效果。

（4）流量：设定擦除时的扩散速度。

（5）抹掉历史记录：勾选此项，橡皮擦就有了历史记录画笔工具的功能，在历史面板中首先要确定擦除到的状态，然后勾选此复选框，在进行擦除时，将以历史面板中选定的图像状态覆盖当前的图像。

二、背景橡皮擦工具

【背景橡皮擦】工具可将图像中被擦除的部分设置为透明区，该工具可用来实现精确擦除，其工具选项栏如图 2-78 所示。

图 2-78　背景橡皮擦工具选项栏

（1）画笔：在 画笔：▉ 中单击下拉按钮，弹出如图 2-79 所示的画笔弹出式调板，在其中可

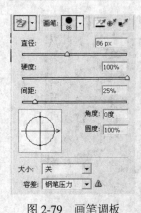

图 2-79　画笔调板

设置画笔的直径、硬度、间距、角度、圆度、大小和容差。

（2）取样：取样决定了擦除的颜色方式，共有三个选项。

1）（取样连续）："＋"字光标中心不断地移动，也会对取样点不断地更改，此时擦除的效果比较连续。

2）（取样一次）："＋"字光标中心单击按下鼠标对颜色取样，此时不松开鼠标键，可以对该取样的颜色进行容易的擦除，不用担心"＋"字中心会跑到了画面的其他地方。要对其他颜色取样，只要松开鼠标再按下鼠标重复前面的操作即可。

3）（取样背景色板）：背景橡皮擦工具只对背景色及容差相近的颜色进行擦除。

（3）限制：这个选项中包括三个子选项，都是用来限制擦除颜色范围的。其各项含义如下：

1）连续：可以擦除鼠标经过处的所有颜色。

2）不连续：抹除出现在画笔下任何位置的样本颜色。

3）临近：擦除包含样本颜色并且相互连接的区域。

4）查找边缘：擦除包含样本颜色的连接区域，同时更好的保留形状边缘的锐化程度。

5）容差：选择擦除图像颜色的精确度，其值越大，擦出颜色的范围就越大。

（4）保护前景色：选中此项复选框，可以保护与当前前景色一样的颜色不被擦除。

三、魔术橡皮擦工具

魔术橡皮擦工具用于擦除图像中颜色相近的区域，与魔棒工具的工作原理非常相似，使用时只需在需要清除的地方点击以下，即可删除与该点颜色相近的所有区域。该工具也可将图像中被擦除的部分设置为透明区，其工具选项栏如图 2-80 所示。

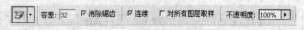

图 2-80　魔术橡皮擦工具选项栏

（1）容差：用于确定擦除图像的颜色范围，数值越小，擦除的范围就越小。

（2）消除锯齿：勾选此复选框，可消除边缘的锯齿，使图像平滑。

（3）连续：勾选此复选框，只擦除与鼠标落点处颜色相近且相连的颜色；如果不勾选，则会擦除图层中所有与鼠标落点处颜色相近的颜色。

（4）对所有图层取样：勾选该选项，则利用所有可见图层中的组合数据来采集抹除色样。图 2-81 为不勾选和勾选连续、对所有图层取样两项单击鼠标一次的效果图。

图 2-81　不勾选和勾选连续、对所有图层取样效果图

2.2.4　渐变工具

一、实底渐变

在工具箱中选择▣渐变工具，就会在选项栏中显示它的相关选项，如图 2-82 所示。

图 2-82　渐变工具选项栏

各选项功能说明如下：

单击▣▣▣▣▣▣（可编辑渐变）按钮，弹出如图 2-83 所示的【渐变编辑器】对话框，可在【预设】框中直接单击所需的渐变，也可在【渐变类型】框中编辑自定的渐变，也可以将编辑好的渐变存储到【预设】框中，只需单击【新建】按钮即可，还可以将设置好的渐变组存储起来已备后用，只需单击【存储】按钮，即可弹出【存储】对话框，在其中给这组渐变命名，单击【载入】按钮，就可以将已存储的渐变组调入到预设框中以便直接调用。

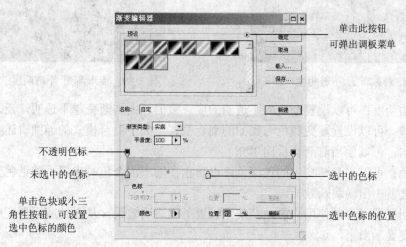

图 2-83　渐变编辑器对话框

渐变工具有以下五种：

（1）线性渐变工具▣：可以沿直线创建渐变效果。

（2）径向渐变工具▣：可以创建从圆心向外扩建的渐变效果。

（3）角度渐变工具▣：可以创建围绕一个起点的渐变效果，起颜色是沿着周长改变的。

（4）对称渐变▣：可以在所化的线段两侧以对称的形式逐渐改变颜色。

（5）菱形渐变工具▣；可以创建菱形渐变效果。

渐变工具五种不同的渐变类型，比较如图 2-84～图 2-89 所示。

图 2-84　原图

图 2-85　线性渐变　不透明度：20%

图 2-86　径向渐变　不透明度：20%

图 2-87　角度渐变　不透明度：20%

图 2-88 对称渐变　不透明度：20%

图 2-89　菱形渐变　不透明度：20%

（1）不透明度：可以设置渐变的不透明的度，数值越大则渐变越不透明，反之透明。

（2）模式：可以设置渐变颜色与底图的混合模式，关于混合模式的详细讲述见后。

（3）反向：可以使当前渐变反向填充。

（4）仿色：可以平滑渐变中的过渡色，以防止在输出混合色时出现不和谐色带效果，从而导致渐变过渡中出现跳跃效果。

（5）透明区域：可以使用当前渐变按钮设置呈现透明效果，从而使应用渐变的下层图像区域透过渐变显示出来。

二、杂色渐变标

在【渐变编辑器】对话框的【渐变类型】下拉列表中选择【杂色】，即可应用杂色渐变，如图 2-90 所示，可以设置它的粗糙度。在【颜色模型】中可以选择所需的颜色模型（如 HSB、RGB、LAB），分别拖动其下方的滑块可设置所需的渐变颜色，在【选项】框中可以勾选【限制颜色】和【增加透明度】选项，也可以单击【随机化】按钮来选择所需的渐变，选择或设置好后同样与实底渐变一样进行操作，在此不再重复。图 2-91 为选择所需的杂色渐变后给矩形选框填充杂色渐变的效果。

图 2-90　杂色渐变

图 2-91　选择所需的杂色渐变后给矩形选框填充杂色渐变的效果

2.2.5 油漆桶工具

油漆桶工具是用来在图像中进行填充颜色或图案的工具，它的填充范围是与鼠标光标的落点所在像素相同或相近的像素点。其选项栏如图 2-92 所示。

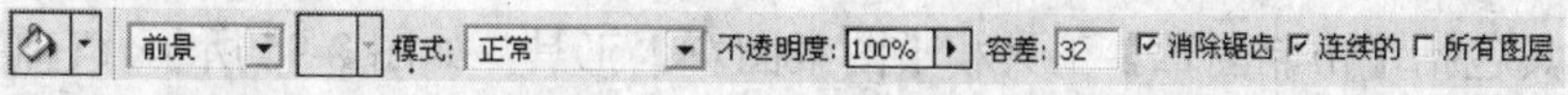

图 2-92 油漆桶工具选项栏

各选项说明如下：

（1）填充选项：设置以前景色或图案填充两个选项。在选择图案时，即可在后面弹出的图案选项窗口中选择合适的图案，然后利用油漆桶工具向画面中单击即可填充当前选择的图案。

（2）模式：设置填充图像与原图像的混合模式。

（3）不透明度：决定填充颜色或图案的不透明程度。

（4）容差：主要控制图像中的填色范围，数值越大，填充的范围越大。

（5）消除锯齿：选中此选项，可以通过淡化边缘来产生背景颜色之间的过渡，使锯齿边缘得到平滑。

（6）连续的：选中此选项，油漆桶工具在与鼠标落点所在像素点的颜色相同或相近的所有相邻像素点中进行填充。不选此项，油漆桶工具在图像中所有与鼠标落点所在像素点的颜色相同或相近的所有相邻像素点中进行填充。

（7）所有图层：勾选该选项可以基于所有可见图层中的合并颜色数据填充像素。

【例 2-5】 油漆桶工具的使用方法。

解 （1）打开一幅画像，如图 2-93 所示。

（2）选择魔术棒工具，将前景色设为红色，选择油漆桶工具将选取填充上红色。

（3）Ctrl+D 取消选区，效果如图 2-94 所示，油漆桶工具所填充的颜色与前景色一致。

图 2-93 画像

图 2-94 油漆桶工具应用

2.3 修图工具

2.3.1 图章工具

图章工具包括【仿制图章】工具和【图案图章】工具，如图 2-95 所示。它们的功能都是

用作图的方式复制图像的局部，通常用于复制原图像的部分细节以弥补图像在局部的缺陷。它们的复制方式不同，仿制图章工具是通过在图像中选择印制点复制图像，而图案图章工具是将要复制的图像设置为样本，然后对其进行复制。

图 2-95 图章工具

一、仿制图章工具

仿制图章工具选项栏如图 2-96 所示。

图 2-96 仿制图章工具选项栏

部分选项说明如下：

对齐选项：在复制图像时勾选此选项，将进行规则复制，即定义所要复制的图像后，多次单击并拖鼠标，最终会得到一个完整的图像，在复制图像时若不勾选此项，则进行不规则复制，即多次单击鼠标，每次都会在鼠标落点处重新复制图像。

要利用【仿制图章】工具复制图像，应首先在源图像中确定要复制的参考点。具体方法为：在选中仿制图章工具后，按下 Alt 键，然后在图像中的选定位置单击，此时光标将呈 形状（不按 Alt 键时光标为○形状）。松开键，然后将鼠标移动到需要复制图像的位置鼠标，即可将图像进行复制。重新取样后，在图像中鼠标将复制新的图像，如图 2-97 所示。

 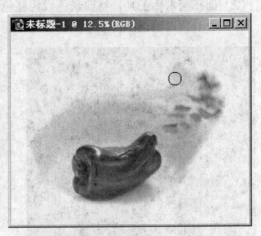

图 2-97 利用仿制图章工具复制图像

【例 2-6】 使用仿制图章工具去除文字。

解 （1）选取仿制图章工具，按住 Alt 键，在无文字区域点击相似的色彩或图案采样。
（2）在文字区域拖动鼠标复制以覆盖文字。
（3）要注意的是，采样点即为复制的起始点。选择不同的笔刷直径会影响绘制的范围，而不同的笔刷硬度会影响绘制区域的边缘融合效果。

二、图案图章工具

利用【图案图章】工具，用户可以使用选择的图案进行绘画。用户可单击图案图章工具选项栏中的【图案】下拉按钮，从打开的图案列表中选择要使用的图案。使用时可以对选择区域进行绘图或平铺方式填充，其选项栏如图2-98所示。

图 2-98　图案图章工具选项栏

部分选项说明如下：

（1）图案选项：单击此选项，会弹出图案面板，这里储存着所定义过的图案供选择。

（2）印象派选项：勾选此选项，图像会产生印象派绘画效果。

三、自定图案

图案是一种图像，当用这种图像来填充图层或选区时，将会重复或拼贴它。Photoshop和 ImageReady 附带了各种预设图案。

在 Photoshop 中，可以创建新图案并将它们储存在库中，供不同的工具和命令使用。预设图案显示在油漆桶、图案图章、修复画笔和修补工具选项栏的弹出式调板中，以及【图层样式】对话框中。

Photoshop 还提供了【图案生成器】滤镜，用于创建图案预设或使用自定图案填充图层或选区。

【例2-7】　使用【定义图案】命令自定图案。

解　（1）打开一张图片，如图 2-99 所示，并在工具箱中选择矩形工具，在画面中框选出所要定义为图案的部分，如图 2-100 所示。

图 2-99　步骤一　　　　　　　　　　　　　　图 2-100　步骤二

（2）在菜单栏中执行【编辑】|【定义图案】命令，弹出如图所示的对话框，在【名称】文本框中为自定的图案命名，这里用默认名称，单击【确定】按钮即可将选区中的图像定义为图案；再将工具箱中选择油漆桶工具，在选项栏的图案弹出式调板中可以查看到刚定义的图案，如图2-101所示。

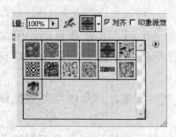 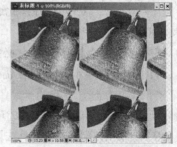

图 2-101　步骤三　　　　　　　　　　　　　　图 2-102　步骤四

图 2-103　棋盘

（3）按 Ctrl+N 键新建一个 500×400 像素的 RGB 颜色模式的图像文件，再用油漆桶工具在画面中单击，即可用刚定义的图案填充画面，效果如图 2-102 所示。

【例2-8】　制作棋盘。

解　（1）先新建一个 40×40 像素的文件，在画布上制作图案▨，将该图案定义为"自定义图案"。

（2）再制作一个 400×400 像素的画布，用填充工具在画布上用自定义图案进行填充，即可得如图 2-103 所示的图案。

2.3.2　图像修复处理工具

Photoshop 在 7.0 版本时新增加了两个用于修复图像的工具，总称为修复工具。使用这两个工具，可以轻松去除照片或其他图像上的污点、小斑痕等不容易修补的不足之处。图像修复工具如图 2-104 所示。

图 2-104　图像修复工具

一、修复画笔工具

修复画笔工具与仿制工具的原理和使用方法非常相似，也是通过从图像中取样或用图案来填充图像，不同的是，修复画笔工具在充填时，会将取样点的像素融入到目标图像，并使目标位置图像的色彩、色调、纹理保持不变，从而能与周围图像完美地结合到一起。修复画笔工具选项栏如图 2-105 所示。

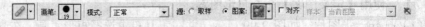

图 2-105　修复画笔工具选项栏

各选项说明如下：

（1）画笔：单击下拉按钮，弹出画笔弹出调板，在其中可设置【直径】、【硬度】、【间距】、【角度】和【圆度】等选项。

图 2-106　模式

（2）模式：在【模式】下拉列表中可以选择所需的修复模式，如图 2-106 所示。

（3）替换：选择【替换】模式可以保留画笔描边时边缘处的杂色、胶片颗粒和纹理，也就是说将原图像中的一部分替换掉。

（4）源：用于修复像素的源有两种方式：【取样】和【图案】。【取样】可以使用当前图像的像素，而【图案】可以使用某个图案的像素。如果点选了【图案】，则可从【图案】弹出式调板中选择所需的图案。

（5）对齐：此选项决定要完成的是否为规则复制，具体的用法与仿制图章工具相似。

（6）使用方法：点样本选项，必须先按住键盘上的 Alt 键，再在要复制的图像位置单击鼠标，将图像复为样本，然后在需要复制样本的位置拖鼠标，就可以将样本复制到指定的位置。

（7）点选团选项，即可在图案选项窗口中选择要复制的图案，然后继续复制操作。

【例2-9】　使用修复画笔工具去除文字。

解　操作的方法与仿制图章工具相似。按住 Alt 键，在无文字区域点击相似的色彩或图案采样，然后在文字区域拖动鼠标复制以覆盖文字。只是修复画笔工具与修补工具一样，也具有自动匹配颜色的功能，可根据需要进行选用。

【例2-10】　　使用修复工具修复人物图像。

解　　（1）打开一张要修复的图片，如图2-107所示。

图2-107　步骤一

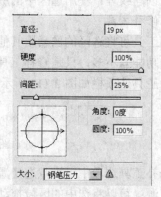

图2-108　步骤二

（2）在工具箱中选择污点修复画笔工具，在选项栏中点选【近似匹配】单选框，再单击【画笔】后的下拉按钮，弹出画笔调板，并在其中设定画笔的【直径】为32，如图2-108所示，其他为默认值，然后移动指针到人物额头上的污点处（如图2-109所示）单击，即可将其污点去除，并且清除污点后的区域与周围区域的环境融合，结果如图2-110所示。

图2-109　步骤三

图2-110　步骤四

二、污点修复画笔工具

污点修复画笔工具可快速移去照片中的污点和其他不理想部分。污点修复画笔工具的工作方式与修复画笔类似，它是用图像或图案中的样本想素进行绘画，并将样本想素的文理、光照、透明度和阴影与所修复的像素相匹配。

与修复画笔不同的是污点修复画笔不要指定样本点，它可以自动从所修饰区域的周围取样。这对于有小污点的图像，可极大地提高工作效率。

污点修复画笔工具选项栏如图2-111所示。

图 2-111　污点修复画笔工具选项栏

部分选项功能说明如下：

（1）近似匹配：使用选区边缘周围的像素来查找要用作选定区域修补的图像区域。

（2）创建纹理：使用选区中的所有像素创建一个用于修复该区域的纹理。

三、修补工具

修补工具可将选区的像素用其他区域的像素或图案来修补。实际上，修补工具和修复画笔工具的功能差不多，只是修补工具的效率高一些。

修补工具选项栏如图 2-112 所示。

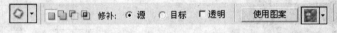

图 2-112　修补工具选项栏

在修补工具选项中可以点选【源】和【目标】。

（1）源：可以将选中的区域拖动到用来修复的目的地，即可将选中的区域修复好，而且与周围环境非常融合。

（2）目标：先用修补工具框选出用于修复的区域，然后将其拖动到要修复的区域。

（3）透明：选择该选项可以使修复的区域应用透明度。

（4）使用图案：当用修补工具在图像中选择出选区后，它成为活动可用状态，也就是可以使用图案来填充所选区域，只需单击 使用图案 按钮，即可将所选区填充为所选的图案。

【例 2-11】　使用修补工具去除文字。

解　（1）选取修补工具，在选项栏中选择修补项为【源】，关闭【透明】选项，然后用修补工具框选文字。拖动到无文字区域中色彩或图案相似的位置，松开鼠标就完成复制。

（2）修补工具具有自动匹配颜色的功能，复制出的效果与周围的色彩较为融合，这是仿制图章工具所不具备的。

（3）使用此工具将需要修复的图像选中，制作一个选择区域。

（4）将修补工具放于选择区域内，拖动选择区域到图像中无瑕疵的区域。

（5）释放鼠标左键。若在修补工具的工具选项条中选择【目标】选项，则拖动后释放鼠标，释放的区域将被选择区域内的图像代替，如图 2-113 所示。

四、红眼画笔工具

红眼画笔工具是 Photoshop CS2 版本时新增的工具，它能在保留照片原有材质纹理和明暗关系的基础上，置换任何部位的颜色。

红眼画笔工具选项栏如图 2-114 所示。

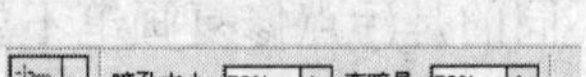

图 2-113　修补工具去除文字

图 2-114　红眼画笔工具选项栏

（1）瞳孔大小：可拖动滑块或在文本框中输入 1%～100% 之间的数值来设置瞳孔（眼睛暗色的中心）的大小。

（2）变暗量：可拖动滑块或在文本框中输入 1%～100% 之间的数值来设置瞳孔的暗度。

注意：色彩置换工具不能用于位图、索引模式和多通道色彩模式，所以如果发现不能用，最好先转换一下色彩。

【例 2-12】 红眼画笔工具应用。

解 （1）用闪光灯拍摄人像时，非常容易造成人物红眼现象。在 Photoshop CS3 中去除红眼非常的简单。选红眼工具，如图 2-115 所示。

图 2-115　步骤一

（2）有两个可以设置的选项，即【瞳孔大小】和【变暗量】，一般选默认值即可。用红眼工具点击人物的红眼，红眼立刻消失，如图 2-116 所示。

（3）再点击另一只眼睛，处理后的图像如图 2-117 所示。

图 2-116　步骤二　　　　　　图 2-117　步骤三

2.3.3　图像画面处理工具

在图像处理过程中，需要对画面的局部进行细微的处理，通常会涉及锐化度的问题。Photoshop CS3 提供了锐化度修正工具，这些工具位于工具箱中的【模糊】工具组中，其包括【模糊】工具、【锐化】工具、和【涂抹】工具，如图 2-118 所示。

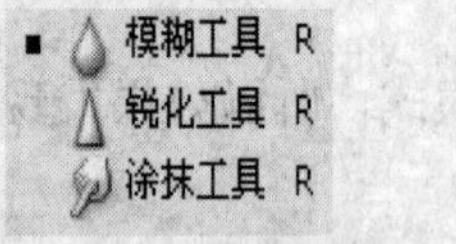

　　【模糊】工具用于打散图像中色彩突出的部分，使图像或图像局部的锐化度降低；【锐化】工具则用于突出图像的色彩，提高锐化度；而【涂抹】工具则可使图像生成一种在湿颜料中拖移手指后的效果。

图 2-118　图像画面处理工具

一、模糊工具

模糊工具可以使图像有模糊的效果，其工作原理是降低像素之间的反差，从而形成调和、柔化的效果。模糊工具选项栏如图 2-119 所示。

图 2-119　模糊工具选项栏

部分选项说明如下：

对所有图层：若不勾选此项，只能对当前图层起作用，若勾选此项，则可以对所有图层起作用。

二、锐化工具

与模糊工具相反，锐化工具是一种使图像色彩锐化的工具，可以使图像的边缘显得尖锐，其工作原理是增加像素之间的反差，从而使图像产生锐化的效果，注意在操作中不可将实质设得过大，否则将出现像素紊乱的效果。锐化工具选项栏如图 2-120 所示。

图 2-120　锐化工具选项栏

三、涂抹工具

利用 Photoshop CS3 提供的【涂抹】工具，可以制作出在湿颜料中拖移手指后的画面效果。该工具可拾取描边开始位置的颜色，并沿拖移的方向展开这种颜色。涂抹工具选项栏如图 2-121 所示。

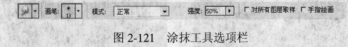

图 2-121　涂抹工具选项栏

相关选项功能说明如下：

（1）对所有图层取样：选择该选项可利用所有可见图层中的颜色数据来进行涂抹。如果取消该选项的选择，则涂抹工具只使用当前图层中的颜色。

（2）手指绘画：选择该选项可在起点描边出使用前景色进行涂抹。如果不勾选该选项，涂抹工具会在起点描边出使用指针所指的颜色进行涂抹，如图所示为勾选和不勾选【手指绘画】绘制后的比较图。

（3）强度：它可指定涂抹、模糊、锐化和海绵工具的描边强度。

【例 2-13】 模糊、锐化工具应用。

解 （1）打开要处理的图片，如图 2-122 所示。

（2）在工具箱中选择模糊工具，并在选项栏中设定【模式】为【变暗】，【强度】为 50%，再在画笔弹出式调板中选择所需的画笔笔尖，然后在画面中按住左键拖动，来回拖动多次松开左键，即可得到如图 2-123 所示的效果。

图 2-122 步骤一 图 2-123 步骤二

（3）在工具箱中选择锐化工具，并在选项栏中设定【模式】为【变亮】，【强度】为 50%，再在画笔弹出式调板中选择【柔角 100 像素】画笔笔尖，然后在画面中按住左键拖动，来回拖动多次松开左键，即可得到如图 2-124 所示的效果。

图 2-124 步骤三

2.3.4 图像明暗度处理工具

爱好摄影的用户都知道，拍照时的亮度将直接影响图像的曝光效果。过度曝光的图像会显得过于明亮，而曝光不足的图像则显得颜色灰暗。Photoshop CS3 提供的【减淡】工具和【加深】工具则可以非常有效地改善图像的曝光度，而其提供的【海绵】工具则可帮助用户调整图像的饱和度，这 3 种工具位于 Photoshop CS3 工具箱的【减淡】工具组中，如图 2-125 所示。

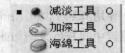

图 2-125 图像明暗度处理工具

一、减淡工具

减淡工具可使图像变亮，其工具选项栏如图 2-126 所示。

相关选项功能说明如下：

（1）范围：在其下拉列表（如图 2-127 所示）中选择图像中更改的色调。

（2）中间调：可更改灰色的中间范围。

（3）阴影：可更改暗区。

（4）亮光：可更改亮区。

（5）曝光度：拖动滑块或输入数值指定减淡和加深工具使用的曝光量。

图 2-126　减淡工具选项栏　　　　　　　　　　　　图 2-127　范围

二、加深工具

加深工具可使图像变暗，其工具栏如图 2-128 所示，其工具选项栏选项功能与减淡工具相同。

图 2-128　加深工具选项栏

两种工具具体处理效果如图 2-129 所示。

　　　原图　　　　　　　　　　减淡工具处理的效果　　　　　　　加深工具处理的效果

图 2-129　两种工具具体处理效果

三、海绵工具

使用海绵工具可精确地更改区域的色彩饱和度。在灰度模式下，该工具通过使灰阶原理或靠近中间灰色来增加或降低对比度。其工具选项栏如图 2-130 所示。

图 2-130　海绵工具选项栏

相关选项功能说明如下：

（1）模式：在其下拉列表（如图 2-131 所示）中可以选择所需要更改颜色的方式。

（2）加色：可以加强颜色的饱和度。

（3）去色：可以减弱颜色的饱和度。

图 2-131　模式

2.4　路　径　工　具

路径在 Photoshop 中有着广泛的应用，它可以描边和填充颜色，可以作为剪切路径而应用到矢量蒙版中，此外，路径可以转换为选区，常用于描绘复杂图像轮廓。

路径可以是一个点、一条直线或是一条曲线，除了点以外的其他路径均由锚点、锚点间的险段构成。通过锚点两侧的控制手柄，可以自由调整路径的形状及曲率。

路径可以是闭合的，没有起点或终点，或是开放的，有明显的终点和起点。

路径不必是一系列线段连接起来的一个整体，它可以包含多个彼此完全不同而且相互独立的路径组件，形状图层中的每个形状都是一个路径组件。

2.4.1　路径工具概述

【路径】面板列出了每条存储的路径、当前工作路径的名称和缩览图像，关闭缩览图可提高作图性能。要查看【路径】，必须先在【路径】面板中选择路径名。

路径是使用钢笔、自由钢笔工具绘制的，是由多个锚点或线段组成的矢量线条。对图像进行放大或缩小调整时，路径不会产生任何影响，它可以完成从路径到选区再到路径转化，还可以对路径拖加一些效果。

2.4.2　路径的缩略

执行菜单【窗口】|【路径】命令，调出路径控制面板，如图 2-132 所示。

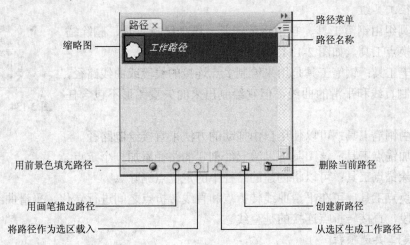

图 2-132　路径控制面板

路径的名称：这是一个工作路径。新建路径时，如果没输入新路径的名称，则会自动依次命名为路径 1、路径 2、路径 3……

（1）用前景色填充路径：以前景色填充被路径包围的范围。

（2）用画笔描边路径：按照设置的绘图工具和前景色沿着路径描边。

图 2-133　路径调板选项

（3）将路径作为选区载入：将当前的工作路径转换为选区范围。

（4）从选区生成工作路径：将当前的选区范围转换为工作路径。

（5）创建新的工作路径：新建一个路径，如果在选中一个路径的情况下拖动到此则是复制路径。

（6）删除当前路径：删除当前选定的路径。

（7）路径菜单：单击它可以打开调板的下拉菜单。

我们还可以通过路径控制调板右上角下拉菜单来改变它的显示模式。选择【调板选项】，即可在调板选项中选择缩略图的显示方式，如图 2-133 所示。

2.4.3　路径的绘制

钢笔工具是一种矢量绘图工具，包括钢笔、自由钢笔、添加锚点、删除锚点和转换点五种工具选项。它们可以绘制出直线、光滑的曲线或自由的线条、路径及形状图层，并可以对其进行精确的调整。

钢笔工具的工具选项栏可分为路径绘制方式、路径工具选择、自动添加/删除选项等几部分。在路径绘制的编辑中，我们先要了解一下几个相关术语：

（1）描点：路径是由描点组成的。描点是定义路径中每条线段的开始和结束的点，可以用来固定路径。

（2）路径的分类：路径可以分为开放路径和闭合路径。

（3）端点：一条开放路径的开始和最后的描点叫做端点。

2.4.4　创建路径的工具

一、路径工具组

路径工具组由钢笔工具、自由钢笔工具、添加锚点工具、删除锚点工具和转换点工具，如图 2-134 所示。

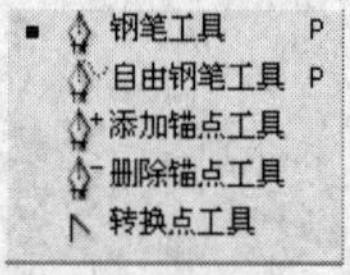

（1）钢笔工具：钢笔工具是用来绘制多点连接的线段或曲线路径，能精确地绘制直线和平滑的曲线，但它绘制出来的矢量图形不包含任何像素。

图 2-134　路径工具组

（2）自由钢笔工具：可以使用自由拖动的方法来直接绘制路径。

（3）添加锚点工具：该工具可以给已经创建的路径添加一个定点。

（4）删除锚点工具：可以将创建的路径中的定位点删除。

（5）转换点工具：可在平滑曲线转折点和直线转折点之间进行转化，平滑曲线转折点连接的是曲线段，直接转折点连接的是直线。

二、钢笔工具选项栏

钢笔工具选项栏如图 2-135 所示，在使用钢笔工具之前要先设定好各个选项。

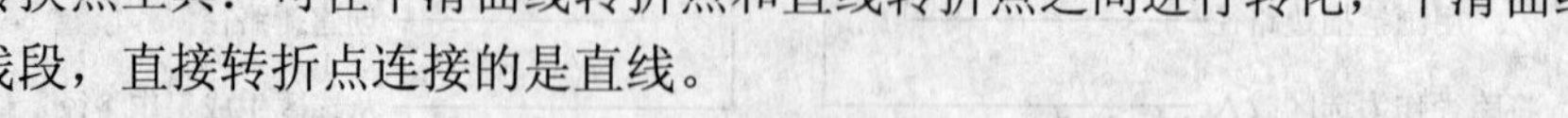

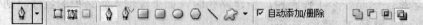

图 2-135　钢笔工具选项栏

各选项说明如下：

（1）自动添加或删除：选中此项钢笔工具即有了添加锚点工具和删除锚点工具的功能。

（2）图层样式：此选项与菜单栏中的样式命令相同。

（3）样式面板：主要保存了已经设置好的效果，它可以让矢量图形和图层直接套用这些样式，而不必重复制作。

（4）取消：只有当前图层或图形应用样式命令后，此按钮才可用。

（5）颜色：可在拾色器对话框中调整钢笔工具创建的形状图形的颜色。

2.4.5 创建路径的方法

一、使用钢笔工具绘制直线

（1）选中钢笔工具，并在选项栏中单击路径按钮，以确定用钢笔工具绘制的是路径而不是创建图形或者形状图形。

（2）用钢笔工具单击画面，开始绘制路径的开始点，如图 2-136 所示。

（3）移动钢笔工具的位置，再次单击鼠标绘制路径的第二个锚点，两点之间将自动以直线连接，如图 2-137 所示。

（4）继续单击绘制其他直线点。

二、使用钢笔工具绘制曲线

使用钢笔工具在点击鼠标时不松开鼠标，而是拖动鼠标，就可以拖动出一条方向线，每一条方向线的斜率决定了曲线的斜率，每一条方向线的长度刚决定了曲线的高度或者弯曲程度。连续弯曲的路径即时一条连续的波浪形状，使通过平滑点来连接的，非连续弯曲的路径是同过角点连接的。

三、绘制曲线路径的方法

（1）选中钢笔工具，将笔尖放在要绘制曲线的起始点，按住鼠标，如图 2-138 所示。

（2）不松开鼠标，拖移鼠标，就可以拖移出一条方向线。

　　　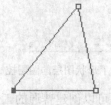　　　

图 2-136　绘制路径开始点　　　图 2-137　绘制直线　　　图 2-138

注意（1）如果按住 SHIFT 键单击鼠标，可以继续按照 45°方向制作直线，如图 2-139 所示。直接单击描点，即为删除当前描点，在路径间单击鼠标，即为添加描点。

（2）制作路径出错时，可以按住 DELETE 键，删除相应描点，继续按下 DELETE 键，则可以从下一个描点开始挨个删除，直至整个路径被删除。如果想再次连接路径，使用钢笔工具再

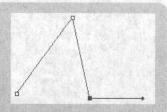

图 2-139

次单击下一个描点就可以了。如果需要对已经制作好的路径进行修改、移动或删除操作，可以使用路径选择工具或直接选择工具。

路径选择工具	A
直接选择工具	A

图 2-140　路径编辑工具组

四、路径的编辑

路径编辑工具组包括路径选择工具和直接选择工具，如图 2-140 所示。

（1）路径选择工具：是对一个或多个路径进行选择、移动、组合、排列和复制等变换工具。

（2）直接选择工具：用于选择路径描点和改变路径的形状。

2.4.6　形状工具组

形状工具是从 Photoshop 6.0 版本开始新增加的工具，形状工具组包括六个绘制矢量图形的工具，我们可以利用它们方便地进行各种路径图形的绘制。

一、形状工具组概述

形状工具组包括六个矢量绘制工具，有矩形工具、圆角矩形工具、椭圆工具、多边形工具、直线工具和自定义形状工具，如图 2-141 所示。

我们在使用形状工具时，要特别注意形状工作属性栏上面这三个按钮。

（1）形状图层：在图像中依次选择可以创建具有前景色颜色填充的形状图形，此时图层面板中将自动生成包括图层图样和剪切路径的形状图层。图 2-142 为所绘制的图形，图 2-143 为选择了形状图层的图层控制调板，图 2-144 为其路径调板。

图 2-141　形状工具组

图 2-142　绘制的图形　　　　图 2-143　选择了形状图层的图层控制调板　　　　图 2-144　路径调板

（2）路径：在文件中单击鼠标，可以创建普通的工作路径。选择路径时所绘制的图形路径和图层控制调板、路径控制调板分别如图 2-145～图 2-147 所示。

图 2-145　图形路径　　　　图 2-146　图层控制调板　　　　图 2-147　路径控制调板

（3）填充像素 ▭：使用钢笔工具时，此按钮不被激活，只有使用其他图形工具时才可用。选择填充像素时所绘制的填充像素图像和图层控制调板、路径控制调板分别如图 2-148～图 2-150 所示。

图 2-148 填充像素图像   图 2-149 图层控制调板   图 2-150 路径控制调板

二、矩形工具

矩形工具可以绘制矩形、正方形的形状、路径或填充区域。选择矩形工具单击形状工具右侧的下拉箭头，就可以出现矩形工具选项栏，如图 2-151 所示。

图 2-151 矩形工具

（1）不受限制：允许通过拖移设置矩形、圆角矩形椭圆或自定义形状的宽度和高度。比例和大小将不受限定。

（2）方形：将矩形或圆角矩形限定为正方形。

（3）固定大小：输入数值可以固定矩形的宽和高。

（4）比例：输入数值可以固定矩形宽和高的比例。

（5）从中心：由中心开始进行矩形的绘制。

（6）对齐像素：使绘制矩形的边缘自动与像素边缘重合。

三、圆角矩形和椭圆工具

圆角矩形和椭圆工具可以绘制出圆角矩形、正圆和椭圆形的路径或形状。其设置与矩形基本相同，不同之处在于选择圆角矩形时，在绘制之前需要在选项栏中的半径文本框中设置圆角的半径大小，半径值越大，则所绘制的矩形 4 个角越圆滑。

四、多边形工具和直线工具

使用多边形工具可以绘制等边多边形，如等边三角形、五角形等。在使用多边形工具之前，应在选项栏中设置多边形的边数。图 2-152 为分别设置了不同的参数的图形效果。

图 2-152 分别设置了不同参数的图形效果

直线工具可以绘制出直线、箭头的形状和路径，可在工具栏的粗细文本框中设置线条宽度，范围为 1～1000，可得到不同的直线。

另外，还可以通过直线绘制出各种箭头，可以在工具栏打开直线工具的选项面板。图2-153为对直线工具的各项参数进行设置及箭头图例。

五、自定形状工具

使用自定形状工具可以绘制出各种预设的形状，如箭头和心形等形状。首先在工具箱中选择该工具，然后单击选项栏中的【形状】下拉按钮，从形状列表中选择所需的形状，最后在图像窗口中拖动鼠标，即可绘制相应的形状。我们还可以通过其右上角的三角形下拉按钮，进行载入、存储、复位以及替换形状等操作。图2-154为添加各种自定形状工具的菜单选项。

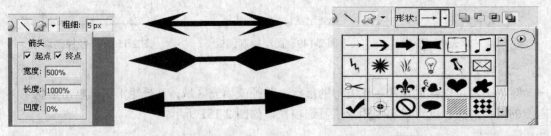

图 2-153   对直线工具的各项参数进行设置及箭头图例   图 2-154   添加各种自定形状工具的菜单选项

2.5　文　字　工　具

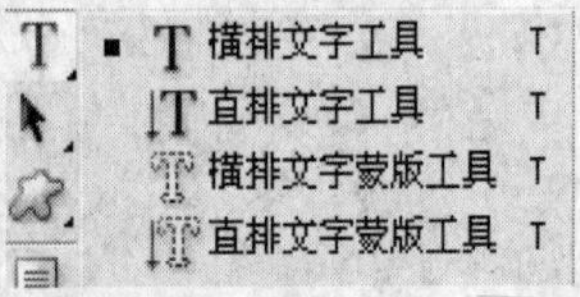

图 2-155   横排文字工具组

2.5.1　文字工具概述

Photoshop CS3 提供了4种文字工具，它们分别是【横排文字】工具、【直排文字】工具、【横排文字蒙版】工具和【直排文字蒙版】工具。这4种工具位于 Photoshop CS 工具箱的【横排文字】工具组中，如图2-155所示。利用这些工具，用户可以非常方便地在图像中输入文字及创建文字蒙版。

一、横排文字工具

使用横排文字工具可以在图像中创建水平文字，并在图层面板中建立新的文字图层。

二、直排文字工具

使用直排文字工具可以在图像中创建垂直文字，并在图层面板中建立新的文字图层。

三、横向文字蒙版工具

使用横向文字蒙版工具可以在图像中创建水平文字形状的选区，图层面板中没有新的图层被创建。

四、直排文字蒙版工具

使用直排文字蒙版工具可以在图像中创建垂直文字形状的选区，图层面板中没有新的图层被创建。

2.5.2　文字工具使用

在工具中选择任何一种文字工具，并在画面中单击出现一闪一闪的光标或拖动一个文本框，此时其选项栏的显示如图2-156所示。

图 2-156　文字工具选项栏

（1）更改文本方向：单击该按钮，可以将直排文字改为横排文字，或将横排文字改为直排文字。

（2）设置字体系列选项：单击该选项会弹出下拉列表，可以在其中选择所需的文字。

（3）设置字体样式选项：在【设置字体系列】列表中选择一些英文字体后该选项成为活动可用状态。

（4）设置字体大小选项：单击该选项会弹出下拉列表，可以在其中选择所需的字体大小。

（5）设置消除锯齿的方法选项：消除锯齿用户可以通过部分填充边缘像素来产生边缘平滑的文字，这样文字边缘就会融合到背景中，单击下拉按钮，弹出如图 2-157 所示菜单。

图 2-157　设置消除锯齿的方法选项

"无"：不应用消除锯齿。

"锐利"：使文字显得最锐利。

"犀利"：使文字显得稍微锐利。

"浑厚"：使文字显得更粗重。

"平滑"：使文字显得更平滑。

（6）对齐按钮：单击该三项按钮可以使文本左对齐、居中对齐、右对齐。

（7）设置文本颜色：单击该按钮弹出【拾色器】对话框，可在其中选择所需要的文本颜色。

（8）创建文字变形：文字图层为当前（或在文字蒙版工具输入好文字单还没有确认文字输入前）时该按钮才可用，单击该按钮会弹出如图 2-158 所示的列表，可根据需要选择所需的样式。

（9）显示/隐藏字符和段落面板：单击该按钮可显示/隐藏字符和段落面板，如图 2-159 所示。【字符】调板用于设置字体的类型、大小、间距、拉伸和颜色等属性。通过它用户可以对输入的字体进行详细的格式化。

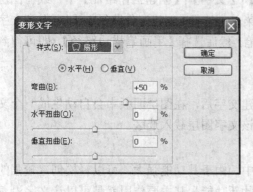

图 2-158　创建文字变形

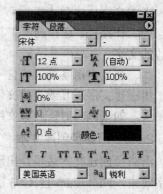

图 2-159　显示/隐藏字符和段落面板

（10）　⊗取消所有当前编辑与✓提交所有当前编辑：单击 ⊗ 按钮可以取消所有当前编辑，单击✓按钮可以提交所有当前编辑。

2.5.3　段落文字

段落是末尾带有回车符的任意范围的文字。使用【段落】面板可以设置适用于整个段落的选项，如对齐、缩进和文字行间距。对于点文字，每行即是一个单独的段落；对于段落文字，一段可能有多行，具体视定界框的尺寸而定。

图 2-160　段落调板

一、使用【段落】调板

【段落】调板主要用于设置图像中文字的段落对齐方式。在文字调板中单击【段落】选项卡，即可打开【段落】调板，如图 2-160 所示。

二、创建段落文本

默认情况下，用户输入的文本都称为点文本。如果希望将输入的文本（单行或多行）按设置的段落控制框排列，则应将其转换为段落文本，然后再进行设置。

段落文本具有点文本不具备的优点，例如，可设置更多的对齐方式，可通过旋转段落控制框使文字倾斜排列，通过调整段落控制框调整文字的大小等。

2.5.4　文字图层

Photoshop CS3 中的变形文字工具为文字的编排和创意设计提供了无限的创作空间。

我们可以在单击工具栏右侧的【变形文字】，打开变形文字对话框，在变形文字对话框中首先选择文字变形的样式，有扇形、下弧、上弧、拱形等；然后再调整变形文字的方向，包括【文字】和【垂直】两个选项，还可以拖动"弯曲、水平扭曲、垂直扭曲"滑杆中的滑块或直接在其后的文本框中输入数值，以调整文字的弯曲程度、水平扭曲和垂直扭曲的比例。

一、栅格化文字图层

（1）将文字层转换为普通图层。在菜单【图层】|【栅格化】|【文字】中，或在图层面板中的文字层上单击鼠标右键，在弹出的右键菜单中选择【栅格化文字】，即可将文字图层转换为普通图层。

（2）文字转换为路径及形状。在菜单【图层】|【文字】|【创建工作路径】中，或在图层面板中的文字层上单击鼠标右键，在弹出的右键菜单中选择【创建工作路径】，即可得到文字图层的工作路径。选择画笔工具，设置合适的画笔，然后选择【用画笔描边路径】，即可得到描边的文字。

二、使文字图层载入选区

用横排文字工具或直排文字工具在画面中创建文字后，在图层面板中会自动生成一个文字图层，如果编辑时需要该文字的选区，就需将该文字图层载入选区。

2.5.5　沿路径创建文本

沿路径创建文本最早是出现在向量绘图软件中，由于其功能强大，可以轻松创建较强的文字效果，Photoshop 自 CS3 版本时也开始引入此新功能，其主要作用就是可以让文字沿着路径排列。

【例 2-14】　在路径上输入文字。

解　（1）打开一张图片，再在工具箱中选择钢笔工具，在选项栏中单击路径按钮。显示【路径】面板并在其中单击创建新路径按钮，新建【路径 1】，如图 2-161 所示，然后在画面上勾画如图 2-162 所示路径。

图 2-161　步骤一

图 2-162　步骤二

（2）选择横排文字工具，在选项栏中设定字体为【方正舒体】，字体大小为 48 点，将指针移到路径上，当指针呈 状时在路径上单击，然后输入所需的文字，如图 2-163 所示，在选项栏中单击按钮确定文字输入。

图 2-163　步骤三

2.6　其　他　工　具

2.6.1　移动工具

移动工具选项栏如图 2-164 所示。

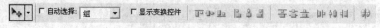

图 2-164　移动工具选项栏

其中各项功能说明如下：

（1）自动选择图层：勾选此选项后用鼠标在图像上点击，即可直接选中指针所指的非透明图像所在的图层。

（2）自动选择组：如果在图像中创建了图层组，并且勾选了【自动选择图层】选项，则该选项成为活动可用状态，这样勾选该选项就可直接选中所单击的非透明图像所在的图层组。

（3）显示变换控件：可在选中对象的周围显示定界框，对准边框上的小方块控制点，移动工具的选项栏就变成如图 2-165 所示界面，在选项栏中可更改图像的位置、大小、旋转角度和倾斜等，而此时的定界框变为变换框，如图 2-166 所示，可以在变换框内右击弹出如图所示的快捷菜单。

图 2-165　定界框

图 2-166　变换框

2.6.2　裁剪工具

裁剪是移去部分图像以形成突出或加强构图效果的过程。在工具箱中选择裁剪工具，选项中就会显示它的相关选项，如图 2-167 所示。

图 2-167　裁剪工具选项栏

（1）宽度/高度：在宽度和高度文本框中输入所需的数值，可对图像进行精确裁切，也就是将得到输入值大小的图像。

（2）分辨率：在其文本框中可输入裁剪后的图像分辨率。

（3）前面的图像：单击此按钮可查看图像裁剪前的大小的分辨率。

（4）清除：单击此按钮可清除选项栏中文本框内的所有值，即还原为默认值。

细心的用户会发现在图像中拖出一个裁剪框后，选项栏会发生变化，如果图像中只有一个背景图层，则它的工具选项栏如图 2-168 所示。如果图像中的背景图层为普通图层或有两个及以上图层，则前面不可用的裁剪区域将成为可用状态，如图 2-169 所示。

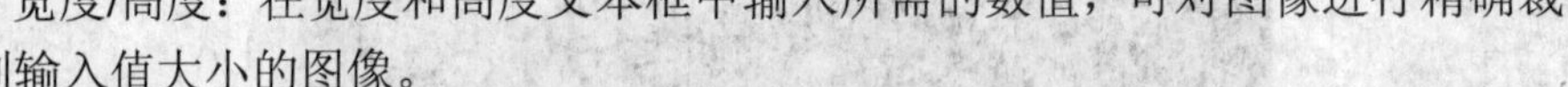

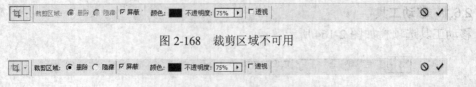

图 2-168　裁剪区域不可用

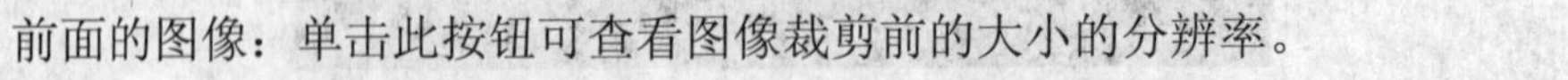

图 2-169　裁剪区域可用

拖出一个裁剪框后，选项栏中相关选项功能说明如下：

（1）裁剪区域：指定被裁剪的区域方式。

（2）隐藏：当图像中有两个及以上图层或背景层为普通图层时，该选项成为活动可用状态，选择该选项可以将裁剪区域保留在图像文件中。裁剪图像后可以通过用移动工具移动图像来使隐藏区域可见，如图 2-170 所示。

图 2-170　隐藏

（3）删除：将扔掉裁剪区域。

（4）屏蔽：指定是否使用裁剪屏蔽来遮盖将被删除或隐藏的图像区域。如果勾选屏蔽，则可以为裁剪屏蔽指定颜色和不透明度，如图 2-171 所示；如果不勾选屏蔽选项，则裁剪框外部的区域将被显示，如图 2-172 所示。

　　图 2-171　勾选屏蔽　　　　　　　　　图 2-172　不勾选屏蔽

（5）透视：选择该选项可以调整图像的透视角度，即变换图像透视。

（6）取消当前裁剪操作：单击此按钮可取消裁剪操作（也可在键盘中上按 ESC 键）。

（7）提交当前裁剪操作：单击此按钮确认裁剪操作，也可按 Enter 键确认操作，还可以在裁剪框内双击确认操作。

2.6.3　切片工具

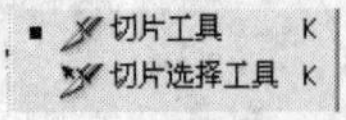

切片工具组包括切片工具和切片选择工具，如图 2-173 所示。

图 2-173　切片工具组

一、切片工具

切片工具选项栏如图 2-174 所示。

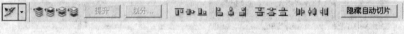

图 2-174　切片工具选项栏

各选项功能说明如下：

（1）在【样式】下拉列表中可以选择【正常】、【固定长宽比】和【固定大小】。

1）【正常】：通过拖移确定切片比例。

2）【固定长宽比】：设置高度与宽度的比例，输入整数或小数作为长宽比。如果要创建一个宽度为高度两倍的切片，则宽度为 2、高度为 1。

3）【固定大小】：指定切片的高度和宽度。

（2）如果画面中有参考线，则选项栏中的基于按钮成为活动可用状态，单击此按钮即可有参考线创建切片。

二、切片选择工具

通过切片选择工具选择切片可将修改应用于切片，如图 2-175 所示。

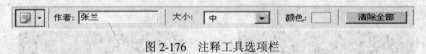

图 2-175　切片选择工具

2.6.4　注释工具

注释工具组包括注释工具和语音注释工具，这两个工具主要用来在图像中添加注释，供用户在编辑的过程中查看。其选项栏如图 2-176 所示。

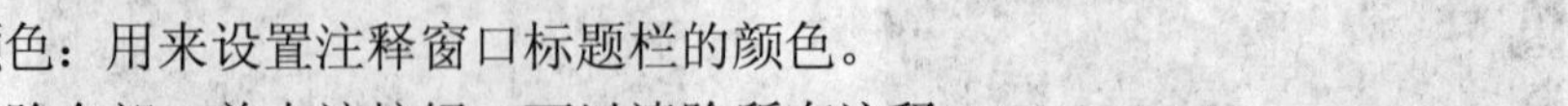

图 2-176　注释工具选项栏

（1）作者：用来输入作者名，作者名将出现在注释窗口的标题栏中。

（2）字体：用来设置注释文字的字体。

（3）大小：用来设置字体大小。

（4）颜色：用来设置注释窗口标题栏的颜色。

（5）清除全部：单击该按钮，可以清除所有注释。

要使用该工具，我们应单击想要设定注释的地方，或用光标直接在图像文件中拖出注释窗口，单击注释窗口内部，输入所需文本，如图 2-177 所示。

单击鼠标右键从弹出的快捷键菜单中选择【关闭注释】选项，或直接单击窗口图标，关闭注释窗口。

2.6.5　语音注释

语音注释工具用来向图像添加声音注释，该工具选项栏中

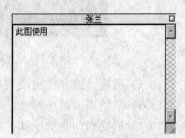

图 2-177　注释工具使用

的参数意义和注释工具相同参数的意义相同。

选中并设置好工具，然后在屏幕上单击想要添加注释的地方，系统会弹出如图 2-178 所示的【语音注释】对话框，单击该对话框的【开始】按钮开始从麦克风录音。录音完毕，按下对话框的【停止】按钮即可。

图 2-178　语音注释对话框

如果要查看注释，只需单击注释图标即可打开。

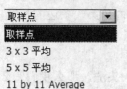

图 2-179　吸管工具选项栏

2.6.6　吸管工具

吸管工具可在图像或调色板中拾取所需要的颜色，并将它设定为前景色或背景色。

在工具箱中点选吸管工具，在图像中单击需要吸取颜色的地方，即可将吸取的颜色设定为前景色，在颜色面板中单击同样可设定前景色，按住 Alt 键单击，则自取颜色将作为背景色。

在工具箱中单击吸管工具，则选项栏上会显示它的相应选项，如图 2-179 所示。

2.6.7　颜色取样器工具

利用颜色取样器工具最多可以定义 4 个取样点的颜色信息，并且把颜色信息存储在信息面板中，如图 2-180 所示。

可以在要移动的取样点上按住左键拖动来改变取样点的位置。如果想要删除取样点，可在其上右击，则弹出如图 2-181 所示的快捷菜单并在其中点选"删除"命令，也可以点选其他命令来改变该取样点的颜色模式。

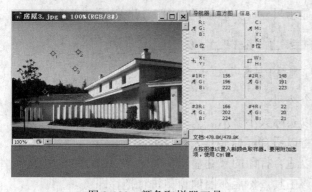

图 2-180　颜色取样器工具　　　　　　　　图 2-181　删除取样点

2.6.8　度量工具

使用度量工具可以非常方便地测量图像中两点之间的距离或物体的角度，其选项栏如图 2-182 所示。

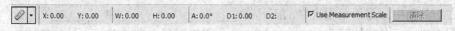

图 2-182　度量工具选项栏

度量工具的使用方法如下：

（1）测量两点之间的距离。

（2）在线段的起始位置按下鼠标左键并拖移到线段的末尾处，此时测量的结果将同时显示在工具栏中的信息调板中。信息调板中的 X、Y、A、D、W、H 等字母的含义如下：X、Y 分别表示测量的起点的横纵坐标值；A、D 分别表示线段与水平方向之间的夹角和线段的长度；W、H 分别表示测量的两个端点之间的水平距离和垂直距离。

（3）测量物体的角度。要测量三角形的一个内角的角度，可在此角的一条边的外端位置处单击并拖动鼠标，到达此角的顶点处松开鼠标，同时按下 Alt 键，此时光标变为角的符号，单击鼠标并沿着次内角的另一边移动，到端点时松开鼠标，就可在工具栏中和信息调板中看到测量的结果，A 后面的数值就是此内角的角度，D1 后面的数值表示此内角第一条边的长度，D2 后面的数值表示此内角的第二条边的长度。

2.6.9　计数工具

顾名思义，我们可以用他来计数，比如我们洗照片时要按照片的人头洗，那么我们怎么去方便地知道有多少人呢？在照片上一个一个数吗？这样做会有误差，眼睛也会花，如果是成百上千的人是数不过来的，这时候我们就可以用计数工具，我们只要用计数工具在每个人头上点一下，再到选项栏中看数字就可以了。其选项栏如图 2-183 所示。

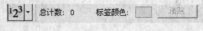

图 2-183　计数工具选项栏

2.6.10　抓手工具

抓手工具用来移动图像。该工具和移动工具不同，移动工具将改变图层或选区在图像中的实际位置，而该工具只能改变图像在显示窗口的显示位置。一般当图像窗口出现滚动条而使图片的某些部分不能显示出来时，可以使用该工具调整图像的显示位置让不能看到的部分显示出来。该工具也可以用来调整图像的显示尺寸。其选项栏如图 2-184 所示。

图 2-184　抓手工具选项栏

抓手形工具的工具选项栏中有以下 3 个按钮：

（1）实际像素：按下该按钮，图像将以实际大小显示。

（2）满画布显示：按下该按钮，图像将以适合屏幕尺寸大小显示。

（3）打印尺寸：按下该按钮，图像将以适合打印的尺寸显示。

要使用该工具，应先在工具箱中选定该工具，然后在图像窗口进行拖移即可。

练　习　题

一、填空题

1．在工具箱中，用于范围选取的工具有_____、_____和_____。

2．在创建选区时，按下_____键，并使用椭圆形选框工具可以绘制正圆形选区。

3．取消选择区域的快捷组合键是_____键。

4．文字工具组包括_____、_____、_____和_____。

5．使用_____工具可以在图像中创建一个文字选区。

二、简答题

1. 魔棒工具是根据什么来选取范围的？

2. 简述套索工具、多边形套索工具和磁性套索工具在具体应用的区别。

3. 形状工具组包括哪几种工具？

4. 钢笔工具组包括哪几种工具？

5. 说明路径控制面板上的各个按钮的具体功能。

三、操作题

1. 新建一个图像文件，分别使用画笔工具和铅笔工具进行一幅风景图的绘制，并使用各种编辑工具对其进行编辑和处理。

2. 打开一幅图像，对其进行编辑处理，并调出历史记录控制调板，随时返回到此前的绘制步骤，使用历史记录画笔工具进行处理。

3. 打开一幅图像，分别使用模糊、锐化和涂抹以及减淡、加深和海绵工具对图像进行编辑处理。

4. 打开一幅图像，选择渐变工具，为图像添加彩虹效果。

5. 用多边形工具绘制不同边数的图形，并选择不同的填充模式。

6. 使用钢笔工具绘制一幅人物的剪影，并使用描边路径和填充路径为其填充颜色。

3

图像色调和色彩的调整

本章通过理论与实例操作来阐述图像色彩色调的调整功能,主要讲解 Photoshop 使用【图像】|【调整】菜单下的各项命令对图像色彩与色调进行调整的操作方法和步骤。其中色调调整包括:色阶、自动色阶、自动对比度、曲线等;色彩调整包括:自动颜色、色彩平衡、亮度/对比度、色相/饱和度、去色、替换颜色、可选颜色、通道混合器、渐变映射、反相、阀值、色调分离及变化等。

学习重点
- 了解色彩的基本概念及颜色模式。
- 掌握图像色调调整方法。
- 掌握图像色彩调整方法。

3.1 获得需要的颜色

在 Photoshop 中使用各种绘图工具时,不可避免地要用到颜色的设定,Photoshop 软件提供了多种颜色选取和设定的方式。

3.1.1 色彩的基本概念

要在 Photoshop 中正确运用颜色,必须具备颜色理论知识,理解 Photoshop 颜色术语,这样在绘图时才能选择合适的颜色。色彩具有亮度、色相、对比度和饱和度四种属性,这几种属性相互制约,共同构成完整的颜色表相。

(1)亮度:指不同颜色模式下图像的明暗程度,它的范围为 0~255,总共包含 256 种色调。在各种颜色模式中,亮度最高的是白色或接近于白色的颜色,亮度最低的是黑色或接近于黑色的颜色。

(2)色相:指从物体反射,或通过物体传播的颜色,它通常用颜色的名称来表示,如橙色、绿色等。

(3)对比度:指不同颜色之间的差异,对比度越大,两种颜色之间的反差就越大,反之则颜色越接近。例如,如果提高一幅灰度图像的对比度,则会使图像变得黑白鲜明,降低对比度时,图像的颜色趋于相同,最终整个图像都会成为灰色。

(4)饱和度:指颜色的强度,当一幅图像的饱和度被降低为 0 时,图像就会变成灰色,即色彩的强度为 0。颜色饱和度越高,其颜色的程度也就越高;反之,颜色则因包含其他颜色而显得混浊。

3.1.2 颜色模式

要在 Photoshop CS3 中正确选择颜色,必须了解颜色模式。正确的颜色模式可以提供一种将颜色转换为数字数据的方式，从而使颜色在多种操作平台或媒介中得到一致的描述。

一、位图模式

位图模式又叫做黑白模式，如图 3-1 所示，它只能用黑色和白色来表现图像。由于位图模式无法将色调复杂的图像完美地表现出来，因此，不宜用它来表现色调复杂的图像，但可以运用此模式制作黑白线稿或处理特殊的两色调高反差图像。

在 Photoshop CS3 中，不能将色彩图像直接转换成位图模式。如果想转换，必须现将此彩色图转换成灰度模式，然后才可将其转换成位图。彩色图转换成位图后，有几种不同的显示模式，即 50% 阈值、图案仿色、扩散仿色和半调网屏。

选择菜单栏中的【图像】|【模式】|【位图】命令，将弹出如图 3-2 所示的【位图】对话框，通过它将灰度图转换成位图模式。

图 3-1　位图模式　　　　　　　　　　图 3-2　位图对话框

二、灰度模式

灰度图像由 8 位 / 像素的信息组成，并使用 256 级的灰色来模拟颜色的层次。在灰度模式中，每一个像素都是介于黑色和白色间的 256 种灰度值的一种。当我们要制作黑白图时，必须从单色模式转换为灰度模式；当我们从彩色模式转换为单色模式时，也需要首先转换成灰度模式，然后再从灰度模式转换到单色模式。

三、双色调模式

它也是一种为打印而制定的色彩模式，主要用于输出适合专业印刷的图像，是 8 位 / 像素的灰度、单通道图像。在 Photoshop CS3 中，我们可以创建单色调、双色调、三色调和四色调图像。单色调是用一种单一的、非黑色油墨打印的灰度图像。双色调、三色调和四色调是用两种、三种和四种油墨打印的灰度图像。在这些类型的图像中，彩色油墨用于重现淡色的灰度而不是重现不同的颜色。

此外，它还可以调整套印的油墨效果，单击左边方框，弹出【双色调选项】对话框，如图 3-3 所示。通过对曲线的调整，或在右边的文本框中输入数据，调整油墨密度与灰度明暗之间的关系。

对于单色调图像，单击右边的颜色框，弹出【拾色器】对话框；如果是双色调，或者更多色调图像，则会弹出【颜色库】对话框，如图 3-4 所示，可以选择用于套印的油墨种类，只有灰度图像才能转换到双色调色彩模式，其他模式图像必须先转换到灰度模式，才能再转换到双色调图像。

图 3-3　双色调选项对话框

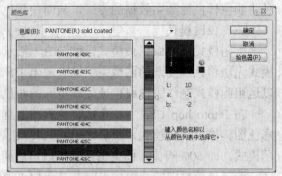

图 3-4　颜色库对话框

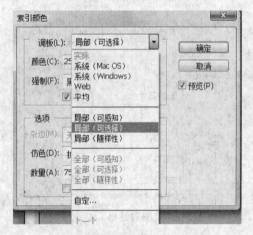

图 3-5　索引颜色对话框

四、索引色彩模式

索引色彩模式用 0～256 中颜色来表示图像，将一个 RGB 或 CMYK 模式的图像转换成索引图像时，Photoshop CS3 将自动建立一个 256 色的颜色表，存储并索引其所有颜色，颜色表里记录了每个像素的颜色值，而每个像素也拥有一个索引号。

索引模式图像所占磁盘空间较少，对图像采用了索引模式后，Photoshop CS3 中的很多图像处理命令都不能实现操作。【索引颜色】对话框如图 3-5 所示，在【调板】下拉列表中有不同的选择。

五、RGB 色彩模式

它是 Photoshop 默认的图像模式，它将自然界的光线视为由红（Red）、绿（Green）、蓝（Blue）三种基本颜色组合而成，因此，它是 24（8×3）位／像素的三通道图像模式。在颜色功能面板中，我们可以看到 R、G、B 三个颜色条下都有一个三角形的滑块，即每一种都有从 0～255 的亮度值。通过对这三种颜色的亮度值进行调节，我们可以组合出 16777216 种颜色（即我们通常所说的 16 兆色）。

GRB 色彩模式产生色彩的方式称为加色法。当没有光时是全黑的，而当各色光加入后才产生色彩，同时越加越亮，当加到极限时，此复合色呈现出白色。值得指出的是，Photoshop CS3 中的许多滤镜只在 RGB 模式下才能作用于图像。

六、CMYK 模式

它是一种基于印刷处理的颜色模式。由于印刷机采用青（Cyan）、洋红（Magenta）、黄（Yellow）、黑（Black）四种油墨来组合出一幅彩色图像，因此 CMYK 模式就由这四种用于打印分色的颜色组成。它是 32（8×4）位／像素的四通道图像模式。

CMYK 色彩模式中生成色彩的方法称为减色法。当颜色互相叠加时，其色彩越加越暗，直至成为黑色，而当撤销所有颜色时则成为白色。通常 CMYK 模式处理的图像文件都很大，因此会占用更多的内存和硬盘空间，而且在这种模式下，有些滤镜不能使用，为此只有在印刷时才将图像改为这种模式。

七、LAB 模式

它是一种独立于设备存在的颜色模式，不受任何硬件性能的影响。由于其能表现的颜色范围最大，因此在 Photoshop 中，Lab 模式是从一种颜色模式转变到另一种颜色模式的中间形式。它由亮度（Lightness）和 a、b 两个颜色轴组成，是 24（8×3）位／像素的三通道图像模式。

八、多通道色彩模式

多通道图像为 8 位／像素，用于特殊打印用途。多通道模式在每个通道中使用 256 灰度级，可以将一个以上通道合成的任何图像转换为多通道图像，原来的通道被转换为专色通道。在将彩色图像转换为多通道时，新的灰度信息基于每个通道中像素的颜色值，如将 CMYK 图像转换为多通道，可创建青、洋红、黄和黑四个专色通道。但是，【多通道】模式中的彩色复合图像是不可打印的，大多数输出文件格式不支持多通道模式图像。

九、HSB 模式

HSB 颜色就是根据人类对颜色分辨的直观方法，将自然界的颜色看作由色相（Hue）、饱和度（Saturation）、明亮度（Brightness）组成。色相指的是由不同波长给出的不同颜色区别特征，如红色和绿色具有不同的色相值；饱和度指颜色的深浅，即单个色素的相对纯度，如红色可以分为深红、洋红、浅红等；明亮度用来表示颜色的强度，它描述的是物体反射光线的数量与吸收光线数量的比值。

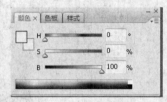

图 3-6　颜色面板

HSB 模式中的色相是沿着色环从 0°～360°的角度来表示的，进行规律性的变化。它不能直接从 Photoshop CS3 的【编辑】菜单的色彩模式中获得，只有在色彩编辑时，才可以从【颜色】调板上观察到这种色彩模式，如图 3-6 所示。其中，H 表示色相，用于调整颜色，范围在 0°～360° 之间；S 表示饱和度，范围在 0%～100%之间；B 表示亮度，范围在 0%～100%之间，0%为黑色，100%为白色。

3.1.3　前景色和背景色

各种绘图工具画出的线条颜色是由工具箱中的前景色确定的，而橡皮擦工具擦除后的颜色则是由工具箱中的背景色决定的。

默认情况下，前景色和背景色分别为黑色和白色，单击图 3-7 右上角的双箭头，可切换前景色和背景色；单击图 3-7 左下角的小黑白图标，无论当前显示的是什么颜色，可将前景色和背景色切换为默认的黑色和白色。

图 3-7　前景色和背景色

3.1.4　拾色器

单击工具箱中的前景色或背景色图标，即可调出【拾色器】对话框，如图 3-8 所示。在对话框左侧，在任意位置单击鼠标，会有圆圈标示出单击的位置，在右上角就会显示出当前选中的颜色，并在【拾色器】对话框右下角出现其对应的各种颜色模式定义的数据显示，包括 RGB、CMYK、HSB 和 Lab4 种不同的颜色描述方式，也可以在此处输入数字直接确定所需的颜色。

其中，【拾色器】对话框中，各选项即输入分别代表不同的含义是：

H：色调；

S：饱和度；

B：亮度；

R：红色；

G：绿色；

B：蓝色；

L：照度；

a：红色到绿色的范围；

b：蓝色到黄色的范围；

C：青色；

M：洋红色；

Y：黄色；

K：黑色；

#f91212：所选颜色 RGB 数值对应的十六进制数值；

⚠：警告所选颜色超出打印颜色范围；

☐：警告所选颜色非 Web 安全色；

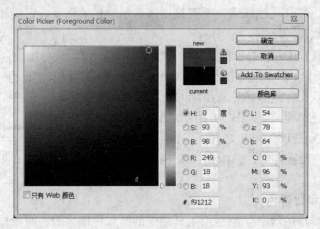

图 3-8　拾色器对话框

勾选"只有 Web 颜色"时，可用的颜色就只有 256 种；不勾选"只有 Web 颜色"时，可用的颜色数就多些。

在【拾色器】对话框中，可以拖曳颜色导轨上的三角形颜色滑块确定颜色范围。颜色滑块与颜色选择区中显示的内容会因不同的颜色描述方式（单击 HSB、RGB、Lab 前的按钮）而有所不同。

例如：选定 H（色相）前的按钮式，在颜色滑块中纵向排列的即为色相的变化；在滑块中选定了某种色相后，颜色选择区内则会显示出这一色相亮度从亮到暗（纵向），饱和度由最强到最弱（横向）的各种颜色。

选定 R（红色）按钮时，在颜色滑块中显示的则是红色信息由最强到最弱的变化，颜色选择区内的横向即会表示出蓝色信息的强弱变化，纵向会表示出绿色信息的强弱变化，如图 3-9 所示。

在实际工作中，通常以数值的方式确定颜色，这种方式最准确。如果手边有印刷色谱，则可对照色谱中的颜色配比，在颜色定义区内输入颜色，使用这种方法可以最大限度地避免显示器的误差。

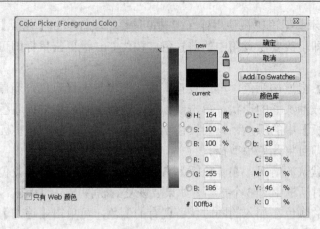

图 3-9 拾色器

3.1.5 颜色面板

执行【窗口】|【颜色】命令，即可在桌面上看到【颜色】调板。在【颜色】调板中的左上角有两个色块用于表示前景色和背景色，如图 3-10 所示。色块上有双框表示被选中，所有的调节只对选中的色块有效，单击色块即可将其选中。

单击调板右上角的三角按钮，在弹出菜单中的不同选项是用来选择不同的色彩模式的，前面有"√"表示调板中正在显示的模式。不同的色彩模式，调板中滑动栏的内容也不同，通过拖曳三角滑块或输入数字可改变颜色的组成。直接单击【颜色】调板中的前景色或背景色图标也可以调出【拾色器】对话框。

还可以通过弹出菜单改变【颜色】调板下方的颜色条所显示的内容，根据不同的需要选择不同的颜色条形式。在【颜色】调板中，当光标移至颜色条时，会自动变成一个吸管，可直接在颜色条中吸取前景色或背景色。如果想选择黑色或白色，可在颜色条的最右端单击黑色或白色的小方块。

当所选的颜色在印刷中无法实现时，在【颜色】调板中会出现一个带叹号的三角形图标，如图 3-11 所示，在其右边会有一个替换的色块，替换的颜色一般都较暗。

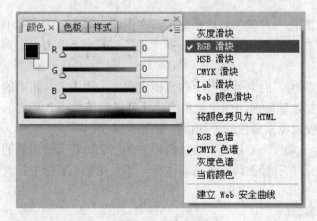

图 3-10 颜色面板

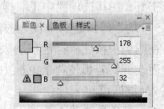

图 3-11 颜色调板

3.1.6 色板面板

【色板】和【颜色】调板有一些相同的功能，就是都可用来改变工具箱中的前景色或背景色，如图 3-12 所示。无论正在使用什么工具，只要将鼠标移到【色板】上，都会变成吸管的形状，单击鼠标即可改变工具箱中的前景色，按住 Ctrl 键单击鼠标即可改变工具箱中的背景色。

　　若要在【色板】上增加颜色，可用吸管工具在图像上选择颜色，当鼠标移到【色板】的空白处时，就会变成油漆桶的形状，单击鼠标可将当前工具相中的前景色添加到色板中。

　　若要删除【色板】中的颜色，只要按住 Alt 键就可以使图标变成剪刀的形状，在任意色块上单击鼠标键，即可将此色块剪掉。

　　若要恢复软件默认的情况，在【色板】右边的弹出菜单中选择【复位色板】命令，如图 3-13 所示。在弹出对话框中有 3 个按钮，如果要恢复到软件内定的状态，单击【确定】按钮；如果要使软件内定的颜色在加入的同时保留现有的颜色，可单击【追加】按钮；若要取消此命令，可点击【取消】按钮。

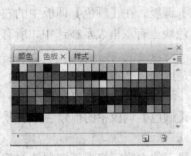

图 3-12　色板

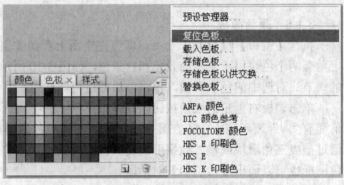

图 3-13　复位色板

　　另外，如果要将当前的颜色信息存储起来，可在【色板】的弹出菜单中选择【存储色板】命令。如果要调用这些文件，可选择【载入色板】命令将颜色文件载入。当然，也可选择【替换色板】命令，用新的颜色文件代替当前【色板】中的颜色。

3.1.7　其他颜色确定方法

一、吸管工具

　　吸管工具可从图像中取样来改变前景色或背景色。选择此工具在图像上单击，工具箱中的前景色就会显示所选取的颜色。如果在按住 Alt 键的同时选择此工具在图像上单击，工具箱中的背景色就显示所选取的颜色。

　　软件默认的情况是吸取单个像素的颜色，但也可在一定的范围内取样。选中工具箱中的吸管工具，在其选项栏中【取样大小】复选项后面的弹出菜单中，还可以选择"3×3 平均"、"5×5 平均"等，在一个较大的范围内吸取像素颜色的平均值，如图 3-14 所示。

　　在图像中按住鼠标键移动吸管工具，此时，工具箱中前景色框的颜色会随着吸管工具的移动而改变，若想使背景色框中的颜色随着吸管工具的移动而改变，那么在移动吸管工具时按住 Alt 键即可。

二、颜色取样器工具

　　使用颜色取样器工具最多可有 4 个取样点。取样的目的是测量图像中不同位置的颜色数值，方便图像色彩调节，被标记的颜色点不会对图像造成任何影响。

　　在工具箱中选中颜色取样器工具，并直接在图像上单击，生成取样点如图 3-15 所示。

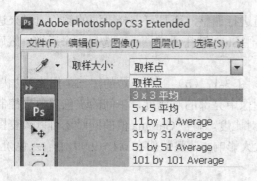

图 3-14 吸管工具　　　　　　　　　　图 3-15　颜色取样

可通过颜色取样器工具选取栏中的【清除】按钮将所有的取样点删除，如图 3-16 所示。直接用鼠标拖曳就可以移动取样点的位置。如果想删除某个取样点，用鼠标将其拖曳出图像窗口即可；或按住 Alt 键，此时颜色取样器工具会变成剪刀的形状，在取样点上单击，就可将其删除。

图 3-16　取样器

3.2　图像色调调整

图像的色调主要指图像的明暗度，对于它的调整，Photoshop CS3 中提供了若干个调节命令。

3.2.1　色阶

执行【图像】|【调整】|【色阶】命令，会弹出【色阶（Levels）】对话框，如图 3-17 所示，此图是根据每个亮度值（0～255 阶）处像素点的多少来划分，最暗的像素点在左边，最亮的像素点在右边。【输入色阶】用于显示当前的数值；【输出色阶】用于显示将要输出的数值。

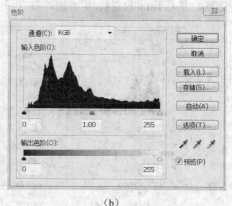

（a）　　　　　　　　　　　　　（b）

图 3-17　色阶对话框

（a）原图；（b）色阶面板

　　在【色阶】对话框中不仅可选择合成的通道进行调整，而且可选择不同的颜色通道来进行个别调整，如果要同时调整两个通道，首先按住 Shift 键在通道调板中选择两个通道，然后再执行【色阶】命令。

　　可使用【输入色阶】来增加图像的对比度，图 3-17（b）下面左边的黑三角用来增加图像中暗部的对比度，右边的白色三角用来增加图像中亮部的对比度，中间的灰色三角来控制 Gamma 值，Gamma 值用来衡量图像中间色调的对比度，调整 Gamma 值的同时还可以改变图像中间色调的亮度值，但不会对暗部和亮部有太大影响，调整数值在 0.1～9.99，【输入色阶】后面的三个数值与下面三角的位置相对应。

　　使用【色阶输出】可降低图像的对比度，黑三角用来降低图像中暗部的对比度，白三角用来降低图像中亮部的对比度，【输出色阶】后面的数值和下面三角的位置相对应。

　　例如：一幅图像包含 0～255 阶的所有像素点，若要增加图像的对比度，将【输入色阶】的黑三角拖到 40，那么原来亮度值为 40 的像素都变为 0，并且比 40 高的像素点也被相应减少了像素值，这样做的结果是图像变暗，并且暗部的对比度增加，如图 3-18 所示。

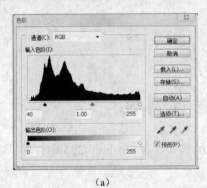

（a）　　　　　　　　　　　　　　　（b）

图 3-18　增加图像的对比度

（a）色阶面板；（b）色阶调整后

　　另一方面，若要减小图像的对比度，将输入色阶的白三角拖到 230 处，那么原来亮度值为 255 的像素都变为 230，并且比 230 低的像素点也被相应地减少像素值，这样做的结果是图像变亮，并且亮部的对比度增加，如图 3-19 所示。

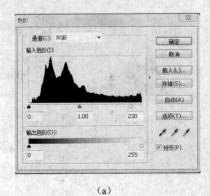

（a）　　　　　　　　　　　　　　　（b）

图 3-19　减小图像的对比度

（a）色阶面板；（b）色阶调整后

　　利用【色阶】对话框中的3个吸管工具直接单击图像,可以在图像中以取样点作为图像的最亮点、灰平衡点和最暗点。

　　执行任意一个色彩调整命令,均可将其设定完成的数值存储以待下次使用,可以在对话框内单击【存储】按钮来存储,若要再次应用只需单击【载入】按钮即可。

　　调整过程中如果对调整的结果不满意,按住键盘上的 Alt 键,此时对话框中的【取消】按钮会变成【回复(Reset)】按钮,单击【回复】按钮可将图像还原到初始状态。

3.2.2　自动色阶

　　自动色阶命令和【色阶】对话框中的【自动】按钮的功能相同,可自动定义每个通道中最亮和最暗的像素作为白和黑,然后按比例重新分配其间的像素值,如图3-20所示。一般来说,此命令对于调整简单的灰阶图比较适合。

（a）　　　　　　　　　　　　　　　　（b）

图 3-20　自动色阶

(a) 原图; (b) 调整后图像

3.2.3　自动对比度

　　执行【图像】|【调整】|【自动对比度】命令时,Photoshop CS3 会自动将图像最深的颜色加强为黑色,最亮的部分加强为白色,以增强图像的对比度,这个命令对于连续调的图像效果相当明显,而对于单色或颜色不丰富的图像几乎不产生作用。

3.2.4　曲线

　　【曲线】命令和色阶命令类似,都是用来调整图像的色调范围,不同的是色阶命令只能调整亮部、暗部和中间灰度,而曲线命令可调整灰阶曲线中的任何一点。

　　执行【图像】|【调整】|【曲线】命令,会弹出【曲线】对话框,如图3-21所示,在该对话框中,横轴用来表示图像原来的亮度值,相当于【色阶】对

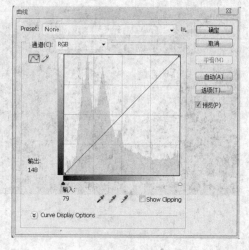

图 3-21　曲线

话框中的输入色阶;纵轴用来表示新的亮度值,相当于【色阶】对话框中的输出色阶;对角线用来显示当前【输入】和【输出】数值之间的关系,在没有进行调整时,所有的像素都有相同的输入和输出数值。

默认状态是根据 RGB 色彩模式来定义的，曲线最左面代表图像的暗部，像素值为 0（黑色）；最右面代表图像的亮部，像素值为 255（白色）；图 3-21 中的每个方块大约代表 64 个像素值。

如果图像是 CMYK 模式，则曲线的最左边代表亮部，数值为 0%；最右边代表暗部，数值为 100%；在【曲线】对话框中每个方格代表 25%，输入和输出的后面用百分比表示。如果要改变亮部和暗部的相互位置，单击曲线下方的双三角即可。

在曲线上单击可增加一个点，用鼠标拖动此点，选中"预览"可看到图像中的变化，对于较灰的图像最常见到的调整结果是 S 形曲线，这种曲线可增加图像的对比度。

另外还可选择个别的颜色通道，将鼠标放在图像中要调色的部分，按住鼠标后移动，可在【曲线】对话框中看到用圆圈表示鼠标所指区域在该对话框中的位置，如果所修改的位置是显示在曲线的中部，那么可单击曲线的 1/4 和 3/4 处将其固定，这样修改时对亮部和暗部不会有太大的影响。

在【曲线】对话框中有一个铅笔的图标，可用它在图中直接绘制曲线，如果需要，可单击【平滑】按钮来平滑所画的曲线。

3.3 图像色彩调整

Photoshop CS3 对图形色彩的控制是编辑图像的关键，能够有效地控制图像的色彩，提供完善的色彩调整功能。

3.3.1 自动颜色

自动颜色命令是通过查看实际的图像进行图像对比度和颜色的调节，而不是根据通道中暗部、中间调和亮部的像素值分布情况进行，它根据【自动颜色校正选项】对话框中的设定值将中间调均化并修整白色和黑色的像素，如图 3-22 所示。

（a）   （b）

图 3-22 自动颜色

（a）原图；（b）调整后图像

3.3.2 色彩平衡

色彩平衡命令可改变彩色图像中颜色的组成，此命令只是对图像进行调整，并将各个颜色混合，从而达到色彩的平衡。

（1）在菜单中执行【图像】|【调整】|【色彩平衡】命令，弹出对话框，如图 3-23 所示，在该对话框中可分别选择【暗调】、【中间色调】和【高光】，来对图像的不同部分进行调整，拖动调节栏中的滑钮向右移可将左侧的颜色取代，取代的程度是由滑钮的位置所决定的。

（2）拖动三角来改变各颜色的组成，如果要在改变颜色的同时保持原来的亮度值，则可选中【色彩平衡】对话框中的【保持亮度】，其效果如图 3-24 所示。

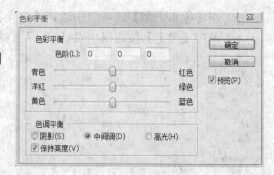

图 3-23　色彩平衡

（a）　　　　　　　　　　（b）　　　　　　　　　　（c）

图 3-24　保持亮度选择

（a）原图；（b）未选保持亮度；（c）选择保持亮度

（3）使用【色彩平衡】命令调整图像的操作步骤如下：

1）选择菜单栏【文件】|【打开】命令，在弹出对话框中选择相应图像文件，单击【打开】按钮打开素材文件，如图 3-25 所示，确定需要调整的区域。

2）选择菜单栏中的【图像】|【调整】|【色彩平衡】命令，弹出【色彩平衡】对话框。

3）在【色彩平衡】选项组中选择【阴影】选项，对话框中的参数设置如图 3-26 所示。

4）在【色彩平衡】选项组中选择【中间调】选项，对话框中的参数设置如图 3-27 所示。

图 3-25　原图

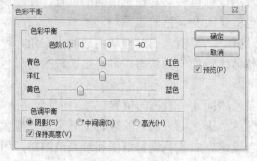 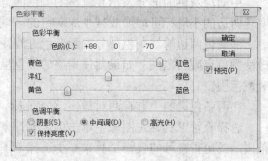

图 3-26　阴影选项　　　　　　　　　　图 3-27　中间调选项

5）在【色彩平衡】选项组中选择【高光】选项，对话框中的参数设置如图 3-28 所示。

6）单击【确定】按钮退出对话框，最终得到如图 3-29 所示效果。

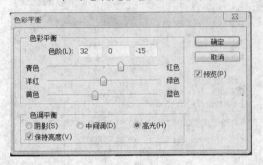

图 3-28　亮光选项

图 3-29　色彩平衡调整后效果图

图 3-30　亮度/对比度

3.3.3　亮度／对比度

亮度/对比度命令用来调整图像的亮度和对比度，它只适用于粗略地调整。执行【图像】|【调整】|【亮度/对比度】命令，弹出对话框如图 3-30 所示，在【亮度/对比度】话框中，【亮度】与【对比度】的设定范围是−100～100 之间。

3.3.4　色相／饱和度

色相/饱和度命令可以控制图像的色相、饱和度和明度，其操作步骤如下所述：

（1）执行【图像】|【调整】|【色相／饱和度】命令，弹出对话框如图 3-31 所示。

（2）在该对话框的【编辑】后面的弹出菜单中，包括红色、绿色、蓝色、青色、洋红以及黄色 6 种颜色，可选择任何一种颜色单独进行调整，或选择【全图】来调整所有的颜色。

（3）通过拖动三角可改变【色相】、【饱和度】和【明度】，其中，【色相】调整范围在−180～180

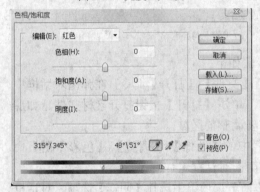

图 3-31　色相/饱和度

之间；【饱和度】调整范围在−100～100 之间；【明度】调整范围在−100～100 之间。在该对话框的下面有两个色谱，上面的色谱表示调整前的状态，下面的色谱表示调整后的状态。

中间深灰色的部分表示要调整的颜色的范围，用鼠标可移动它在色谱间的位置，拖动深灰色两边的小滑标可增加或减少深灰色的区域，也就是改变颜色的范围。

深灰色两边的浅灰色部分表示颜色过渡（或衰减）的范围，通过拖动两边的小三角，可改变颜色衰减的范围，如果要使调整的颜色呈现整体比较均匀的状态，可设定比较大的颜色衰减范围。

在两条色谱的上方有两对数值，分别表示两条色谱间 4 个滑标的位置。

选择吸管工具，在图像中单击确定要调整的颜色范围，用带加号的吸管工具来增加颜色范围，或用带减号的吸管工具来减少选择范围；当设定完成颜色调整范围和衰减范围后，用鼠标拖动三角来改变【色相】、【饱和度】和【明度】。

（4）选择【着色】后，图像变成单色，拖动三角来改变色相、饱和度和明度，如图 3-32 所示，得到的图像类似加滤镜的效果，如图 3-33 所示。

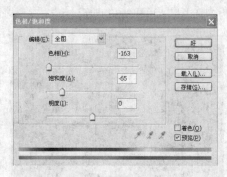

図 3-32　色相/饱和度　　　　　　　　　図 3-33　效果图

（5）使用【色相/饱和度】命令调整图像的操作步骤如下：

1）选择选择菜单栏【文件】|【打开】命令，在弹出对话框中选择相应图像文件，单击【打开】按钮打开素材文件，如图 3-34 所示，确定需要调整的区域。

（a）　　　　　　　　　　　（b）

图 3-34　调整图像

（a）原图；（b）调整后

2）选择菜单栏中的【图像】|【调整】|【色相/饱和度】命令，弹出【色相/饱和度】对话框。

3）在【编辑】下拉列表中选择要调整的颜色，效果如图 3-35 所示。

4）拖动各个滑块，直至调整为预期的效果为止，如图 3-36 所示。

图 3-35　色相选色　　　　　　　　　　图 3-36　色相/饱和度

3.3.5　去色

去色命令可以使图像中所有颜色的饱和度成为 0，即可将所有颜色转化为灰阶值，这个命令可保持原来的颜色模式，只是将彩色图变为灰阶图，如图 3-37 所示。

（a）　　　　　　　　　　　　　　　　（b）

图 3-37　去色

（a）原图；（b）调整后图像

3.3.6　匹配颜色

匹配颜色命令将一个图像（源图像）的颜色与另一个图像（目标图像）相匹配。当您尝试使不同照片中的颜色看上去一致，或者当一个图像中特定元素的颜色必须与另一个图像中某个元素的颜色相匹配时，该命令非常有用。

除了匹配两个图像之间的颜色以外，【匹配颜色】命令还可以匹配同一个图像中不同图层之间的颜色。

在图层中建立要匹配的选区。如果希望将一个图层中的特定区域与另一个图层中的特定区域相匹配时，此命令非常有用，其操作步骤如下所述：

（1）如果未建立选区，则【匹配颜色】命令对整个源图层的颜色进行匹配，图 3-38 所示的是将要匹配颜色的目标，图 3-39 所示的是将要匹配颜色的源。

选中图 3-39 所示的小女孩脸部的范围，选区不需要很准确，重要的是要把将要匹配颜色的目标信息进行选择即可。

图 3-38　匹配颜色的目标　　　　　　　图 3-39　匹配颜色的源

（2）执行【图像】|【调整】|【匹配颜色】命令，弹出匹配颜色的对话框，匹配的设置如图 3-40 所示。

如果在源图像中建立了选区并且希望使用选区中的颜色计算调整，那么在【图像统计】区域中选择【使用源选区计算颜色】选项；如果要忽略源图层中的选区并使用整个源图层中的颜色来计算调整，取消选择【使用源选区计算颜色】选项。

如果只希望使用目标图层中选定区域的颜色来计算调整，在【图像统计】区域中选择【使用目标选区计算调整】选项；如果要忽略选区并使用整个目标图层中的颜色来计算调整，取消选择该选项即可。

选择【中和】选项可自动移去目标图层中的色

图 3-40　匹配颜色选项卡

痕，一定要选中【预览】选项，这样，图像会根据调整而更新。

移动【亮度】滑块可增加或减小目标图层的亮度，或者可以在【亮度】文本框中输入一个值，最大值是 200，最小值是 1，默认值是 100。

移动【颜色强度】滑块，以调整目标图层中颜色像素值的范围，或者在【颜色强度】文本框中输入一个值，最大值是 200，最小值是 1（生成灰度图像），默认值是 100。

移动【渐隐】滑块可控制应用于图像的调整量，向右移动该滑块可减小调整量。

（3）单击【确定】按钮，得到匹配颜色结果，如图 3-41 所示。

图 3-41　调整后

3.3.7　替换颜色

替换颜色命令可替换图像中某区域的颜色，方法如下所述：

（1）执行【图像】|【调整】|【替换颜色】命令，弹出对话框，如图 3-42 所示。

（2）对话框中的【选区】部分和前面讲过的利用【选择】|【颜色范围】命令来进行图像的颜色范围选择的方法完全相同，首先需设定【颜色容差】，然后用吸管工具在图像中取色，用带加号的吸管工具可连续取色。如图 3-43 所示，若要改变图像的颜色，用带加号的吸管工具连续取色后得到一个范围，【替换颜色】对话框中的视窗中白色区域就是选中的区域，然后拖动三角来改变色相、饱和度和明度。

图 3-42　替换颜色

（a）　　　　　　　　　　　（b）

图 3-43　替换颜色

（a）原图；（b）调整后图像

图 3-44　可选颜色

3.3.8　可选颜色

可选颜色命令可对 RGB、CMYK 和灰度等色彩模式的图像进行分通道调整颜色，方法如下所述：

（1）执行【图像】|【调整】|【可选颜色】命令，弹出对话框，如图 3-44 所示。

（2）在对话框【颜色】后面的菜单中，选择要修改的颜色通道，然后拖动三角来改变颜色的组成。在【方法】后面有两个单选按钮：【相对】用于调整现有的 CMYK 值，假设图像中出现在有 50% 的黄色，如果增加 10%，那么实际增加的黄色是 5%，也就是说增加后为 55% 的黄色；【绝对】用于调整颜色的绝对值，假设图像中现在有 50% 的黄色，如果增加了 10%，则增加后有 60% 的黄色，如图 3-45 所示。

（a）　　　　　　　　（b）　　　　　　　　（c）

图 3-45　可选颜色

（a）原图；（b）相对；（c）绝对

3.3.9 通道混合器

打开图像如图 3-46 所示，执行【图像】|【调整】|【通道混合器】命令，弹出对话框，在【输出通道】后面的弹出菜单中可选择要调整的颜色通道，在源通道一栏中通过拖动三角可改变各颜色，如图 3-47 所示。

（a）　　　　　　　　　　　　（b）

图 3-46　图像　　　　　　　　　　　　　　图 3-47　通道混合器

（a）原图；（b）调整后图像

必要情况下，可以调整【常数】值，以增加该通道的补色，或是选中【单色（Monochrome）】选项以制作出灰度的图像。

3.3.10 渐变映射

渐变映射命令用来将相等的图像灰度范围映射到指定的渐变填充色上，如果指定双色渐变填充，图像中的暗调映射到渐变填充的一个端点颜色，高光映射到另一个端点颜色，中间调映射到两个端点间的层次，其操作方法如下所述：

图 3-48　渐变映射

（1）打开图像文件，执行【图像】|【调整】|【渐变映射】命令，弹出对话框，如图 3-48 所示。

（2）单击该对话框中渐变预览图后面的黑色三角，在弹出的面板中选择一种渐变类型，选中【仿色】选项可以使色彩过渡更平滑，【反向】选项可使现有的渐变色逆转方向，设定完成后渐变会依照图像的灰阶自动套用到图像上，形成渐变效果，如图 3-49 所示。

（a）　　　　　　　　（b）　　　　　　　　（c）

图 3-49　渐变类型

（a）原图；（b）仿色；（c）反向

3.3.11 照片滤镜

【照片滤镜】的功能相当于传统摄影中滤光镜的功能，即模拟在相机镜头前加上彩色滤光镜，以便调整到达镜头光线的色温与色彩的平衡，从而使胶片产生特定的曝光效果，在【照片滤镜】对话框中可以选择系统预设的一些标准滤光镜，也可以自己设定滤光镜的颜色，下面就介绍设置【照片滤镜】的方法。

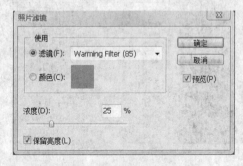

图 3-50   照片滤镜

（1）执行【图像】|【调整】|【照片滤镜】命令，或者执行【图层】|【新调整图层】|【照片滤镜】命令，弹出对话框，如图 3-50 所示。

（2）在对话框中选择【滤镜】单选按钮，并从【滤镜】菜单中选取预设的滤镜效果，或者在选择【颜色】单选按钮时，单击该色块，并使用 Adobe 拾色器为自定颜色滤镜指定颜色。

使用【浓度】滑块或者在【浓度】复选框中输入百分比，可以调节滤镜的强度，【浓度】越大，滤镜效果越明显。

如果不希望通过添加颜色滤镜来使图像变暗，请确保选中了【保留亮度】复选框。

（3）图 3-51 所示为原图像以及应用浓度为 60％的暖调滤镜（81）的效果。

    （a）   （b）

图 3-51   滤镜效果

（a）原图；（b）调整后图像

3.3.12 阴影／高光

【阴影／高光】命令适用于校正由强逆光而形成剪影的照片，可用于使暗调区域变亮；或者校正由于太接近相机闪光灯而有发白焦点的照片，可用于降低高光域的亮度，【阴影／高光】命令不是简单地使图像变亮或变暗，而是基于暗调或高光区周围的像素（局部相邻像素）进行协调地增亮或变暗，在该命令的对话框中可以分别控制暗调和高光调节参数，系统默认设置为修复具有逆光问题的图像，如图 3-52 所示。

 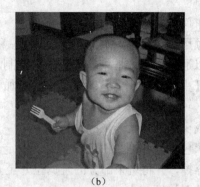

（a）   （b）

图 3-52　阴影/高光效果

（a）原图；（b）调整后图像

　　选中【阴影／高光】对话框下部的【显示其他选项】复选框，可弹出该命令的对话框的全部内容，如图 3-53 所示。

　　一、数量

　　通过移动【数量】滑块或者在【暗调】选项区或【高光】选项区的百分比文本框中输入一个值来调整光照的校正量，值越大，为暗调提供的增亮程度或者为高光提供的变暗程度越大。

　　二、色调宽度

　　色调宽度用于控制暗调或高光中色调的修改范围，向左移动滑块可减小【色调宽度】值，向右移动滑块可增加该值，较小的值会限制只对较暗区域（较亮区域）进行【暗调】（【高光】）校正的调整；值越大，色调调整区域越多（如增加中间调）。

图 3-53　阴影/高光选项卡

　　三、半径

　　半径用于控制每个像素周围的局部相邻像素的大小，该大小用于确定像素是在暗调还是在高光中，向左移动滑块可指定较小的区域，向右移动滑块可指定较大的区域，局部相邻像素的最佳大小取决于图像，最好将半径设置为与图像中所关注焦点的大小大体相等，如果【半径】太大，则调整倾向于对整个图像的调节，而不是针对焦点区域，这就失去了本命令的实际意义。制作过程中可以试用不同的【半径】设置，以获得最佳效果。

　　四、色彩校正

　　此选项仅适用于彩色图像，用来在图像的更改区域中微调颜色，如果增加【色彩校正】栏的数值，则会将图像中较暗的颜色显示出来，值越大，生成的颜色越饱和；值越小，生成的颜色越不饱和。

　　五、亮度

　　在灰度图模式的图像中，【色彩校正】选项会变为【亮度】选项，此选项仅适用于灰度图像，用来调整灰度图像的亮度，向左移动【亮度】滑块会使灰度图像变暗，向右移动该滑块会使灰度图像变亮。

六、中间调对比度

此选项用来调整中间调的对比度。向左移动滑块会降低对比度，向右移动会增加对比度；另外也可以通过在文本框中输入数值来控制，负值会降低对比度，正值会增加对比度。

增加【中间调对比度】调整量，会增加中间调中的对比度，同时会使暗调更暗，使高光更亮。

七、减少黑色像素和减少白色像素

减少黑色像素和减少白色像素用于设定，会将图像中多少比例的两端阶调（极暗调和极高光）舍弃掉，并将剩余部分的阶调拉开至 0～255，从而加大图像的对比度。此值越大，生成的图像的对比度越大。

图 3-54　曝光度

3.3.13　曝光度

【曝光度】对话框的目的是为了调整 HDR（32 位）图像的色调，但也可用于 8 位和 16 位图像，曝光度是通过在线性颜色空间（灰度系数 1.0）而不是图像的当前颜色空间执行计算而得出的。执行【图像】|【调整】|【曝光度】命令，弹出如图 3-54 所示对话框。

（1）曝光度：调整色调范围的高光端，对极限阴影的影响很轻微。

（2）位移：使阴影和中间调变暗，对高光的影响很轻微。

（3）灰度系数：使用简单的乘方函数调整图像灰度系数，负值会被视为它们的相应正值（即这些值 1 仍然为负值，但会被调整，就像它们是正值一样）。

吸管工具将调整图像的亮度值（与影响所有颜色通道的【色阶】吸管工具不同）。【设置黑场】吸管工具将设置【偏移量】，同时将吸管选取的像素改变为零；【设置白场】吸管工具将设置【曝光度】，同时将吸管选取的像素改变为白色（对于 HDR 图像为 1.0）；【设置灰场】吸管工具将设置【曝光度】，同时将吸管选取的像素改变为中度灰色。

3.3.14　反相

反相命令用于产生原图的负片，如图 3-55 所示，当使用此命令后，白色变成黑色，即像素值由 255 变成了 0，其他的像素点也取其对应值（255-原像素值=新像素值），此命令在通道运算中经常被使用。

（a）　　　　　　　　　　　　　　　　（b）

图 3-55　反相

（a）原图；（b）调整后图像

3.3.15　色调均化

色调均化命令可重新分配图像中各像素的像素值，当选择此命令后，Photoshop 会寻找图像中最亮和最暗的像素值并且平均所有的亮度值，使图像中最亮的像素代表白色，最暗的像素代表黑色，中间各像素值按灰度重新分配，如图 3-56 所示。

（a）　　　　　　　　　　　　　　　　　（b）

图 3-56　色调均化

（a）原图；（b）调整后图像

3.3.16　阈值

阈值命令可将彩色或灰阶的图像变成高对比度的黑白图，在如图 3-57 所示对话框中，可通过拖动三角来改变阈值，也可在阈值色阶后面直接输入数值阈值，当设定阈值时，所有像素值高于此阈值的像素点变为白色，低于此阈值的像素点变为黑色，如图 3-58 所示。

图 3-57　阈值选项卡

（a）　　　　　　　　　　　　　　　　　（b）

图 3-58　阈值效果

（a）原图；（b）调整后图像

3.3.17　色调分离

色调分离命令可定义色阶的多少。在灰阶图像中可用此命令来减少灰阶数量，此命令可形成一些特殊的效果，在【色阶分离】对话框中可直接输入数值来定义色调分离的级数，如图 3-59 所示，执行此命令后的图像效果如图 3-60 所示。

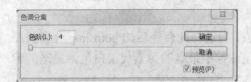

图 3-59　色调分离

在图像菜单中的反相、色调均化、阈值和色调分离 4 个命令也可用于改变图像中的颜色和亮度值，在大多数情况下，这些命令是用于强化色彩和提供特殊效果，而不是用于色彩调整，有时也会使选择的图像产生戏剧化的效果。

（a）

（b）

图 3-60　色调分离效果

（a）原图；（b）调整后图像

3.3.18　变化

变化命令可调整图像的色彩平衡、对比度和饱和度。

执行【图像】|【调整】|【变化】命令，弹出对话框，如图 3-61 所示。选择图像的【暗调】、【中间色调】和【高光】分别进行调整，也可单独调整【饱和度】；同时还可设定每次调整的程度，将三角拖向【精细】表示调整的程度较小，拖向【粗糙】表示调整的程度较大。

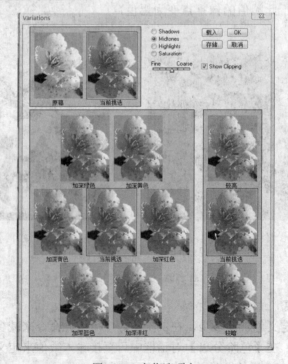

图 3-61　变化选项卡

在该对话框中最左上角是【原稿】，后面的是调整后的图像。图 3-61 分别代表增加某色后的情况，例如，如果要增加红色，单击下面注有【加深红色】的预览图即可。

3.4 案例——学生手册封面设计

设计创意思路：书籍封面的设计要根据书籍内容所涉及的行业、读者对象等确定其设计风格。本例是针对某职业院校学生日常行为及规范手册设计封面，应体现出校园本色。

设计关键步骤如下：

一、新建文件

选择菜单栏中的【文件】|【新建】命令，弹出【新建】对话框，将文件命名为"手册封面设计"，尺寸设置为 391mm×241mm，分辨率为 300 像素/英寸，颜色模式设置为 CMYK，如图 3-62 所示。

二、划分区域

按 Ctrl+R 组合键显示标尺，执行菜单命令【视图】|【新参考线】，在弹出的对话框中设置相关水平、垂直 3mm 出血参考线和 8mm 书脊参考线，如图 3-63 所示。

图 3-62 新建文件

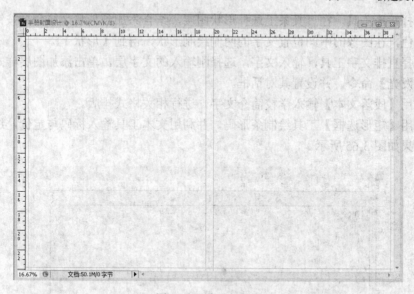

图 3-63 设置参考线

三、设计背景

（1）打开【背景图例 1】，使用移动工具将其移至当前文件中，放置在画布的右侧，得到【图层 1】。

（2）复制【图层 1】得到【图层 1 副本】，按 Ctrl+T 键调出自由变换控制框，以放大图像，移动图像至左侧位置，以覆盖封底和书脊。

（3）选择【图层 1 副本】，然后选择【滤镜】、【模糊】、【动感模糊】，并设置其距离像素为 200，角度为 0°。

（4）复制【图层 1 副本】得到【图层 1 副本 2】，放置在【图层 1】的下方，使用移动工具将其移到图像的中间位置，如图 3-64 所示。

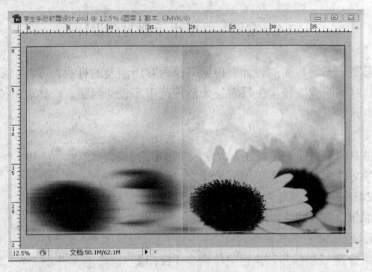

图 3-64   背景效果

四、设计文本

（1）选择矩形工具，在工具条上选择形状图层，结合添加到形状区域命令按钮，并设置前景色的颜色，在图像的中间位置文字的两侧绘制形状，得到【形状 1】。

（2）选择直排文字工具，输入文字，选择刚输入的文字层，单击添加图层样式，在菜单中选择【外发光】命令，并设置其对话框。

（3）利用【段落文本】输入学校简介文字，进行相关格式排版。

（4）使用【矩形选框】工具绘制条形码，并利用文本工具输入标码与定价，进行相关格式排版。效果如图 3-65 所示。

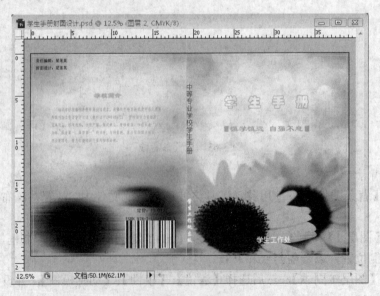

图 3-65   文本效果

五、隐藏参考线显示

最终该手册的设计效果如图 3-66 所示。

图 3-66 最终效果图

练 习 题

一、选择题

1. 下列不属于调整图像阶调的命令是（ ）。

A. 自动对比度　　B. 色阶　　　C. 曲线　　　D. 色调分离

2. 以下选项中关于饱和度的说法正确的有（ ）。

A. 饱和度是指图像颜色的强度与纯度

B. 饱和度表示纯色中灰成分的相对比例数量

C. 饱和度的取值范围是 0%～100%

D. 饱和度的取值范围是 0～255

3. 在 Photoshop CS2 中，关于【图像】|【调整】|【去色】命令的使用，下列描述正确的是（ ）。

A. 使用此命令可以在不转换色彩模式的情况下，将彩色图像变成灰度图像，并保留原图像的亮度不变

B. 如果当前图像是一个多图层的图像，此命令只对当前选中的图层有效

C. 如果当前图像是一个多图层的图像，此命令会对所有的图层有效

D. 此命令只对像素图层有效，对文字图层无效，对使用图层样式产生的颜色也无效

4. 在灰平衡中，下列关于黑版作用的描述正确的是（ ）。

A. 会使图像层次更丰富

B. 黑墨比其他颜色的油墨更难提取，更有表现力，因而价格也最贵

C. 有助于提高图像阴影部分的层次

D. 有助于提高图像的对比度

二、判断题

1．由于色彩空间的不同，在不同设备之间传递文档时，颜色在外观上会发生改变，显示器品牌不同也有可能影响颜色变化。（　　　）

2．在 Photoshop CS2 图像色彩管理中，BMP 文件格式也能够在保存文件时嵌入符合 ICC 规范的配置文件。（　　）

3．在【图像】|【调整】命令中，【色阶】对话框中共有 4 个三角形的滑钮。（　　　）

4．【曝光度】命令是 Photoshop CS2 中新增的图像调整命令。（　　　）

4

图 层 的 应 用

图层是图像处理时使用最多的功能之一，它是 Photoshop 的基石与核心，几乎有关图形创建和编辑的任何操作与处理都是基于图层的。我们可以通过图层的创建、编辑、合并图像的各个元素，使图像及效果更佳丰富，一般优秀的作品都离不开图层的灵活运用，可以说熟练掌握图层的应用是步入平面设计殿堂的必经之路。

学习重点

- 了解图层的基本概念、图层的分类、新建图层的方法、图层的基本操作、图层属性的设置、图层管理、调整图层与填充图层的操作，以及各种图层效果和图层样式的作用和效果。
- 掌握新建图层的方法、图层的基本操作和技巧、图层属性的设置方法、图层管理技巧、调整图层与填充图层的基本操作，以及对图层应用各种效果和样式的操作和技巧。

4.1 新 建 图 层

在进行图像处理时，经常需要在图像中新建图层，Photoshop CS3 提供了多种创建新图层的方法。

4.1.1 图层的种类

根据图层的用途，可以将图层分为以下几类：

（1）图像图层：即普通图层，该图层包含着图像信息，图像以外的部分为无色透明状，可以显示出下一层的内容。

（2）文本图层：即专门用于存放文本内容的图层，当在图像中使用文本工具创建文字后，系统将自动生成一个文本图层。

（3）背景图层：是一种专门被用作图像背景的特殊图层，通常位于最下层，且无透明区域，根据需要背景图层与普通图层之间可以相互转换。

（4）调整图层：是一种只包含一些色彩和色调信息而不包括任何图像的图层，通过编辑调整图层，可以任意调整图像的色彩和色调，而不改变原始图像。

（5）填充图层：是一种不包含任何图像，由纯色、渐变效果、图案等填充的图层，一般与剪贴路径共同使用。

（6）形状图层：形状图层是在图像制作过程中使用工具箱的形状工具或路径工具建立的图层。

（7）智能对象：在 Photoshop 中，粘贴或放置来自 Illustrator 的数据，智能对象将原数据存储在 Photoshop 文档内部后，随后在图像中处理该数据的复合，当想要修改文档时，

Photoshop 将基于原数据重新渲染复合数据。智能对象能够灵活的在 Photoshop 中以非破坏性方式缩放、旋转图层和将图层变形。

4.1.2　创建空图层

在创建图层的过程中，可以先创建空图层，然后向其中添加内容。具体操作方法如下：

（1）用鼠标在【图层】调板中单击选中需要创建新图层下面的图层。

（2）执行如下操作之一可以打开【新建图层】对话框（如图 4-1 所示）：

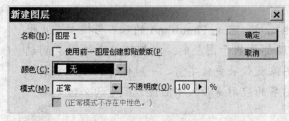

1）选择【图层】|【新建】|【图层】命令。

2）用鼠标单击【图层】调板中的 ⬚ 按钮，并选择弹出的调板菜单中的【新建图层】命令。

3）按住 Alt 键（Windows）或 Option 键，并单击【图层】调板底部的【创建新图层】 ⬚ 按钮；直接按下组合键 Shift+Ctrl+N。

图 4-1　新建图层

（3）在【新建图层】对话框中的【名称】文本输入框中输入新图层的名称，并对图层的颜色、模式、不透明度等选项进行设置。

（4）单击【好】按钮，即可按指定设置创建一个空图层。

（5）执行下列操作之一，可以完成重命名图层的操作：

1）直接用鼠标双击【图层】调板中需要重命名的图层的名称，然后就可以为其输入新的名称。

2）在【图层】调板中需要重命名的图层上单击鼠标右键，系统将弹出调板菜单，选择调板菜单中的【图层属性】命令，系统将进一步弹出【图层属性】对话框，在对话框中【名称】后的文本框中输入新的图层名称，最后单击【好】按钮。

4.1.3　创建图层组

利用【图层组】可以有效地管理和组织图层，并在组上应用属性和蒙版。图层组和图层的功能一样，用户可以像处理图层一样查看、选择、复制、移动、设置混合模式、更改图层组顺序和设置不透明度等。

任意打开一幅图像，在菜单栏中执行【图层】|【新建】|【组】命令，弹出如图 4-2 所示对话框，在其中可根据需要为新建的图层组命名、选色、设置混合模式和不透明度，设置好后单击【确定】按钮，即可得到一个图层组，默认情况下图层组的混合模式为【穿透】。

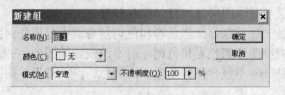

图 4-2　新建组

从图层建立组步骤：先在【图层】面板中选择要编组的图层，然后执行【图层】|【新建】|【从图层建立组】命令，弹出【从图层建立组】对话框，在【颜色】下拉列表中选择红色，其他为默认值，单击【确定】按钮，即可创建一个新图层组，如图 4-3 所示，单击▶小三角

形按钮，即可展开该图层组中的内容，如图 4-4 所示。

图 4-3　新图层组

图 4-4　展开图层组中的内容

【例 4-1】　以不同方式建立新图层，利用【通过拷贝的图层】和【通过剪切的图层】命令将选区转换为新图层。

解　（1）从素材打开一张图片，在工具箱中选择椭圆选框工具，在选项栏中设定【羽化】为 30，在画面上框选出一选区，如图 4-5 所示。

（2）在菜单中执行【图层】|【新建】|【通过拷贝的图层】命令（或按 Ctrl+J 键），即可将选取内容拷贝为一个新图层，如图 4-6 所示。若用移动工具移动图层 1 中的内容，可发现选区边缘是模糊的，效果如图 4-7 所示。

（3）如果在菜单栏中执行【图层】|【新建】|【通过剪切的图层】命令，即可将选区的内容剪切，然后自动新建并粘贴到新的图层中，其边缘也是模糊的，如图 4-8 所示。

图 4-5　步骤一

图 4-6　步骤二

图 4-7　步骤三

图 4-8　步骤四

4.2   图层的基本操作

4.2.1   图层调板的基本操作

（1）显示/隐藏图层。在【图层】调板中，有些图层前的第一方块内显示一个眼睛图标 ，表示该图层可见。在处理比较复杂的图像时，可以将暂时不用的图层隐藏，这样不但可以使操作更加准确、简便，还可以节省计算机资源，提高操作效率。执行如下操作之一，可以对图层的可见性进行设置：

1）用鼠标单击【图层】调板中某图层前第一方块内的眼睛图标，该图标将消失，该图层的图像也将被隐藏，再次单击该位置，眼睛图标将再次出现，该图层的内容也将被冲心显示出来。

2）按住 Alt 键（Windows）或 Option 键，同时用鼠标单击图层调板中某图层前的眼睛图标，将只显示该图层内容，而隐藏其他所有图层。再次按住 Alt/Option 键，并单击眼睛图标，将重新显示所有图层的内容。

（2）选择图层缩览图大小。具体操作方法如下：

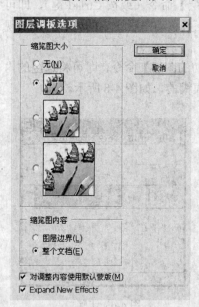

1）用鼠标单击【图层】调板中的 按钮。

2）选择弹出调板菜单中的【调板选项】命令，系统将弹出【图层调板选项】对话框，如图 4-9 所示。

3）在【图层调板选项】对话框中选择缩览图大小，其中【无】选项表示不显示缩览图，这样可以用来节省内存和显示器显示空间。

（3）选中图层。具体操作为：

1）用鼠标单击【图层】调板中需要选中的图层。

2）在工具箱中选择【移动工具】，然后在图像中单击鼠标右键，系统将弹出一列鼠标单击处所有图层的快捷菜单（该快捷菜单的内容会随单击位置的不同而发生变化），单击菜单中某图层的名称，即可选中该图层。

4.2.2   排列图层顺序

当图片含有多个图层时，Photoshop 将按一定的先后顺序来排序图层——即最后创建的图层将位于所有图层的上方。可以通过【排列】命令来改变图层的排列顺序。

图 4-9   图层调板选项对话框

在菜单栏中执行【图层】|【排列】命令，弹出如图 4-10 所示的子菜单。

图 4-10   排列子菜单

（1）置为顶层：将选定图层移到整个图像的最上层。

（2）前移一层：将选定图层往上移一层。

（3）置为底层：将选定图层移到整个图像的最底层。

4.2.3　图层对齐与分布

一、对齐

在菜单栏中执行【图层】|【对齐】命令，弹出如图4-11所示的子菜单。

图4-11　对齐子菜单

（1）顶边：可将选择或链接图层的顶层像素与当前图层的顶层像素对齐，或与选区边框的顶边对齐。

（2）垂直居中：可将选择或链接图层上垂直方向的中心像素与当前图层上垂直方向的中心像素对齐，或与选区边框的垂直中心对齐。

（3）底边：可将选择或链接图层的底端像素与当前图层的底端像素对齐，或与选区边框的底边对齐。

（4）左边：可将选择或链接图层的左端像素与当前图层的左端像素对齐，或与选区边框的左边对齐。

（5）水平居中：可将选择或链接图层上水平方向的中心像素与当前图层上水平方向的中心像素对齐，或与选区边框的水平中心对齐。

（6）右边：可将选择或链接图层的右端像素与当前图层的右端像素对齐，或与选区边框的右边对齐。

二、分布

在菜单栏中执行【图层】|【分布】命令，弹出如图4-12所示的子菜单。

（1）顶边：从每个图层的顶端像素开始，间隔均匀地分布选择或链接的图层。

（2）垂直居中：从每个图层的垂直居中像素开始，间隔均匀地分布选择或链接的图层。

（3）底边：从每个图层的底部像素开始，间隔均匀地分布选择或链接的图层。

图4-12　分布子菜单

（4）左边：从每个图层的左边像素离开始，间隔均匀地分布选择或链接的图层。

（5）水平居中：从每个图层的水平中心像素开始，间隔均匀地分布选择或链接的图层。

（6）右边：从每个图层的右边像素开始，间隔均匀地分布选择或链接的图层。

（7）提示：Photoshop只能参照不透明度大于50的像素来均匀分布选择或链接的图层。

4.2.4　转换图层与背景图层

在菜单栏中执行【图层】|【新建】|【背景图层】命令，弹出如图4-13所示的对话框，并根据需要进行设置，设置好后单击【确定】按钮，即可将原来的背景图层转换为图层0或自定义的名称。将背景层转换为图层后，即可对它进行更改混合模式和调整不透明度等操作。

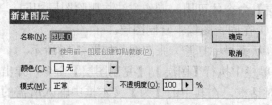

图4-13　转换图层

如果图像中没有了背景层，则可在菜单

栏中执行【图层】|【新建】|【背景图层】命令，即可将选中的图层转换为背景图层。

4.2.5　锁定图层

锁定图层可以全部或部分地锁定图层以保护其内容。图层锁定后，图层名称的右边会出现一个锁状图标。当图层完全锁定时，锁状图标是实心的；当图层部分锁定时，锁状图标是空心的。

图 4-14　锁定图层

在菜单栏中执行【图层】|【锁定图层】命令，弹出如图 4-14 所示对话框，在其中勾选所需的选项后单击【确定】按钮即可，也可以直接在【图层】面板的顶部单击相关的按钮，如图 4-14 所示。

（1）透明区域：将编辑操作限制在图层的不透明区域。

（2）图像：防止使用绘画工具修改图层中的像素。

（3）位置：防止移动图层中的像素。

（4）全部：将图层的不透明度、位置、图像全部锁定。

4.2.6　复制图层

复制图层是指在图像内或在图像之间拷贝内容的一种便捷方法。在图像间复制图层时，如果是将图层拷贝到具有不同分辨率的文件，则图层中的内容将显得更大或更小。

如果在【图层】面板中选中的是图层，则可在菜单栏中执行【图层】|

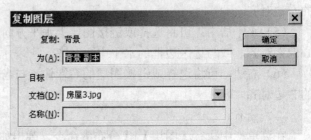

图 4-15　复制图层

【复制图层】命令复制一个图层；如果在【图层】面板中选中的是图层组，则在菜单栏中执行【图层】|【复制组】命令复制一个图层组，如图 4-15 所示。

4.2.7　删除图层

在编辑与处理图像时，不可避免存在一些不需要的图层，将这些图层删除可以节省空间，从而减少图像文件的数据量。

在菜单栏中执行【图层】|【删除】命令，弹出子菜单，通过这些命令可以删除图层和隐藏图层，在【图层】面板中也可以执行这些操作。

（1）删除图层/图层组。如果要删除图层或图层组，可先在【图层】面板选中要删除的图层或图层组，然后菜单栏中执行【图层】|【删除】|【图层】或【组】命令将其删除。

（2）删除图层。如果图像中有隐藏图层，则【图层】菜单中【删除】|【隐藏图层】或【图层】面板弹出式菜单中的【删除隐藏图层】命令才可用，操作方法与删除图层相同。

【例 4-2】　在同一图像中复制图层。

解　（1）从素材中打开一张图像，如图 4-16 所示。

（2）在菜单栏中执行【图层】|【复制图层】命令，弹出【复制图层】对话框，在其中的【为】文本框中输入所需的图层名称或采用默认值，如图 4-17 所示，单击【确定】按钮，

图 4-16　步骤一

即可在同一图像中复制一个图层,如图 4-18 所示。

图 4-17 步骤二 图 4-18 步骤三

4.3 图 层 样 式

4.3.1 图层效果和样式

在菜单栏中执行【图层】|【图层样式】命令,弹出如图 4-19 所示的子菜单,在其中选择命令,可为图像添加图层效果和设置图层的混合选项。

图层的不透明度和混合选项决定了图层间像素相互作用的方式。在菜单栏中执行【图层】|【图层样式】|【混合选项】命令,弹出如图 4-20 所示的对话框。

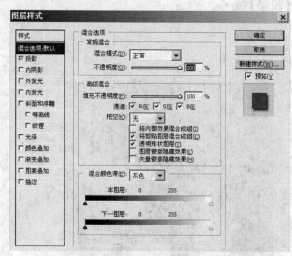

图 4-19 图层样式 图 4-20 混合选项

对话框中各选项功能说明如下:

(1)常规混合:在此栏中可以设置图层的混合模式和不透明度。

(2)填充不透明度:在文本框中输入所需的数值可为图层指定填充不透明度。填充不透明度影响图层中绘制的像素或图层上绘制的形状,但不影响已应用于图层的任何图层效果的不透明度,而不透明度会影响应用于图层的任何图层样式和混合模式。

(3)通道:在混合图层或组时,可以将混合效果限制在指定的通道内。例如,编辑 RGB 图像,则可以选择 R、G 和 B 通道,也可不勾选红色通道,只让绿色和蓝色通道中的信息受影响。

（4）挖空：挖空选项是用户可以指定哪些图层是"穿透"的，以使其他图层中的内容显示出来。

（5）将内部效果混合成组：勾选它时可将图层的混合模式应用于修改不透明像素的图层效果，如内发光、颜色叠加和渐变叠加。

（6）将剪贴图层混合成组：勾选此选项可将基底图层的混合模式应用于剪贴组中的所有图层。取消选择此选项（该选项默认情况下总是选中的）可保持原有混合模式和组中每个图层的外观。

（7）透明形状图层：可将图层高效果和挖空限制在图层的不透明区域。

（8）图层蒙版隐藏效果：可将图层效果限制在图层蒙版所定义的区域。

（9）矢量蒙版隐藏效果：可将图层效果限制在矢量蒙版所定义的区域。

（10）混合颜色带：在【混合颜色带】下拉列表中可以选择所需的颜色，然后拖移【本图层】或【下一图层】上的滑块来调整最终图像中将显示当前以及下面的可视图层中的哪些像素。用户可以去除当前图层中的暗像素，或强制下层图层中的亮像素显示出来，也可以定义部分混合像素的范围，在混合区域和非混合区域之间产生一种平滑的过渡。

4.3.2 投影

利用【投影】命令为文字添加阴影。

（1）先在图像中输入所需的文字，如图 4-21 所示，在菜单栏中执行【图层】|【图层样式】|【投影】命令。

图 4-21 投影命令

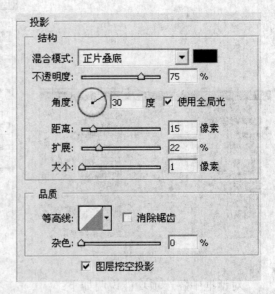

图 4-22 投影参数设置

（2）在弹出的【图层样式】对话框右边的【投影】栏中的参数设置如图 4-22 所示，此时画面效果如图 4-23 所示，如果不满意可继续调整在【品质】栏的【等高线】下拉列表中选择所需的模式，如图 4-24 所示。

（3）在【品质】栏中将【杂色】滑块拖至 25%处，单击【确定】按钮，得到如图 4-25 所示的效果。

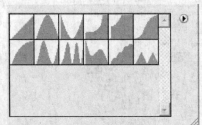

图 4-23　投影画面效果　　　　图 4-24　调整模式　　　　图 4-25　最终效果

4.3.3　内投影

利用【内投影】命令可以在紧靠图层内容的边缘内添加阴影，使图层效果具有凹陷外观。

（1）先在图像中输入所需的文字，在菜单栏中执行【图层】|【图层样式】|【投影】命令，如图 4-26 所示。

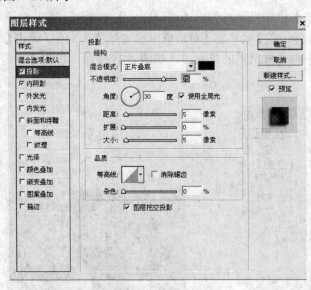

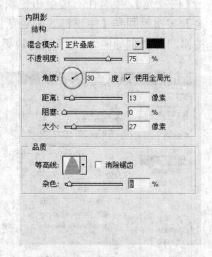

图 4-26　图层样式/投影　　　　　　　　　　图 4-27　内投影

（2）在弹出的【图层样式】对话框右边的【内投影】栏中的参数设置如图 4-27 所示，设置好后单击【确定】按钮，得到如图 4-28 所示的效果。

4.3.4　外发光/内发光

（1）先在图像中输入所需的文字，在菜单栏中执行【图层】|【图层样式】|【外发光】命令。

（2）在弹出的【图层样式】对话框右边的【外发光】栏中的参数设置【方法】为【精确】，然后在【等高线】下拉调板中点选所需的等高线，如图 4-29 所示，单击【确定】按钮，得到如图 4-30 所示的效果。

图 4-28　内投影效果

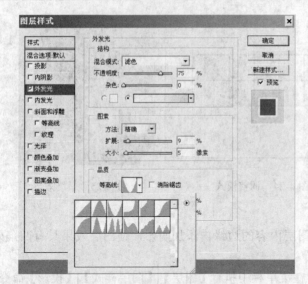

图 4-29　图层样式/外发光　　　　　　　　　　　　图 4-30　效果图

（3）在【图层】面板上双击【效果】栏即可再次弹出【图层样式】对话框，在其左边单击【内发光】，接着在右边单击色块，在弹出的【拾色器】对话框中设定颜色为白色，单击【确定】按钮返回到【图层样式】对话框中再选择所需的等高线，如图 4-31 所示，单击【确定】按钮即可得到如图 4-32 所示的效果。

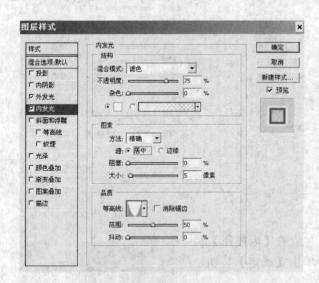

图 4-31　图层样式 / 内发光　　　　　　　　　　　图 4-32　效果图

4.3.5　斜面和浮雕

使用【斜面和浮雕】命令可对图层添加高光与暗调的各种组合。

（1）在图像上输入所需的文字。

（2）在【图层】面板上双击【效果】栏即可再次弹出【图层样式】对话框，在其左边单击【斜面和浮雕】，在弹出的【图层样式】对话框的左边单击【等高线】选项，在其右边的【等高线】下拉调板中点选所需的样式，如图 4-33 所示，单击【确定】得到如图 4-34 所示的效果。

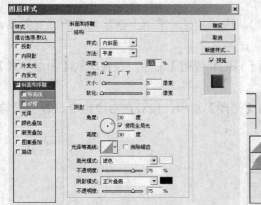
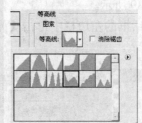

图 4-33　图层样式／斜面和浮雕　　　　　　　　　　图 4-34　效果图

（3）在【图层样式】对话框的左边栏中单击【纹理】选项，并在右边栏中的【图案】下拉调板中点选所需的图案，如图 4-35 所示，即可得到如图 4-36 所示的效果。

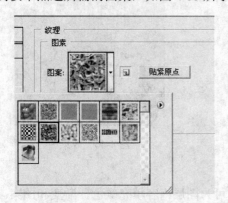

图 4-35　图层样式／纹理　　　　　　　　　　　　图 4-36　效果图

（4）在【图层样式】对话框的左边栏中单击【外发光】选项，右边栏中的具体参数设置如图 4-37 所示，设置好后单击【确定】按钮，即可得到如图 4-38 所示的效果。

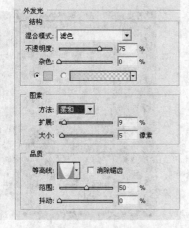

图 4-37　图层样式／外发光　　　　　　　　　　　　图 4-38　效果图

4.3.6　光泽

使用【光泽】命令可在图层内部根据图层的形状应用阴影，常用于创建光滑的磨光效果。

（1）在图像上输入所需的文字。

（2）在菜单栏中执行【图层】|【图层样式】|【斜面和浮雕】命令，在弹出的【图层样式】对话框中的参数设置如图 4-39 所示。

（3）在【图层样式】对话框的左边栏中单击【光泽】选项，接着在右边栏中设置所需的参数，画面效果如图 4-40 所示。

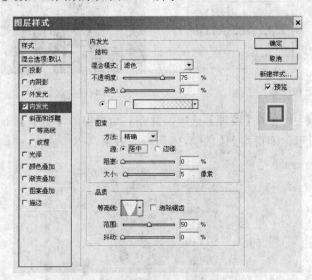

图 4-39　图层样式参数设置　　　　　　　　　图 4-40　效果图

4.3.7　颜色、渐变和图案叠加

利用【颜色叠加】、【渐变叠加】、【图案叠加】可为图层内容填充颜色、渐变和图案。

在【图层样式】对话框的左边栏中单击【颜色叠加】选项，其右边栏中就会显示它的相关选项，如图 4-41 所示，画面效果如图 4-42 所示。

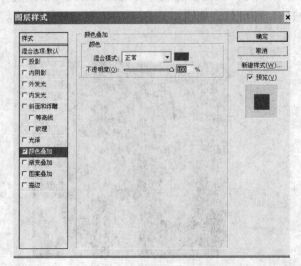

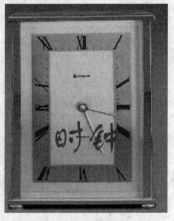

图 4-41　图层样式 / 颜色叠加　　　　　　　　图 4-42　效果图

如果在【图层样式】对话框中单击【渐变叠加】选项，并取消【颜色叠加】选项的选择，其右边栏中就会显示【渐变叠加】的相关内容，在其中设置【渐变】为色谱渐变，如图 4-43 所示，画面效果如图 4-44 所示。

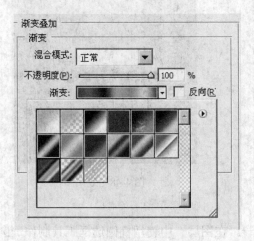

图 4-43　图层样式 / 渐变叠加　　　　　　　　　　图 4-44　效果图

如果在【图层样式】对话框中单击【图案叠加】选项，并取消【渐变叠加】和【颜色叠加】选项的选择，其右边栏中就会显示【图案叠加】的相关内容，具体参数设置如图 4-45 所示，画面效果如图 4-46 所示。

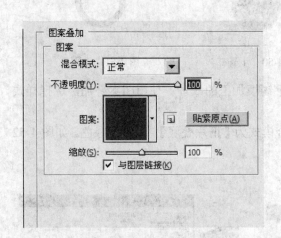

图 4-45　图层样式 / 图案叠加　　　　　　　　　　图 4-46　效果图

4.3.8　描边

利用【描边】命令可使用颜色、渐变或图案在当前图层上描画对象的轮廓。在【图层样式】对话框的左边栏中单击【描边】选项，其右边栏中就会显示【描边】的相关内容，在其中设置【填充类型】为【蓝色、红色、黄色】渐变，如图 4-47 所示，单击【确定】按钮即可得到如图 4-48 所示的效果。

（1）位置：在其下拉列表中指定描边效果的位置是【外部】、【内部】还是【居中】。

（2）填充类型：在其下拉列表中指定要填充的类型是【颜色】、【渐变】还是【图案】。

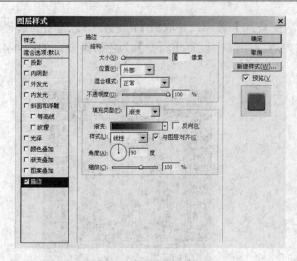

图 4-47 图层样式／描边   图 4-48 效果图

【例 4-3】 制作手镯。

解 新建一 600×600 像素的文件，新建图层一。在图层一中使用椭圆选框工具制作一圆形选区，填充黑色，如图 4-49 所示。

（1）使用【选择】|【变换选区】，使用 Alt+Shift 组合键，调整选区大小，如图 4-50 所示。

（2）使用【选择】|【变换选区】，使用 Alt+Shift 组合键，调整选区大小，如图 4-51 所示。

图 4-49 步骤一   图 4-50 步骤二   图 4-51 步骤三

（3）双击【图层一】，打开图层样式，为手镯填加玉的纹理。使用图案叠加，选择样式为第二种【褶皱】，缩放为 1000。

（4）为手镯添加颜色。使用颜色叠加，混合模式为【正片叠底】，颜色为绿色。如图 4-52 所示。

（5）为手镯添加立体效果，如图 4-53 所示。

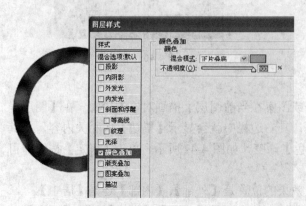   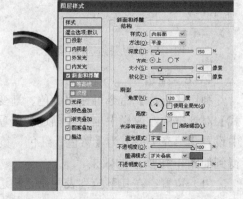

图 4-52 步骤四   图 4-53 步骤五

（6）调整光泽等高线，如图4-54所示。

（7）加强手镯的立体感，如图4-55所示。

图4-54 步骤六　　　　　　　　　　　　　　图4-55 步骤七

（8）为手镯填加阴影，如图4-56所示。

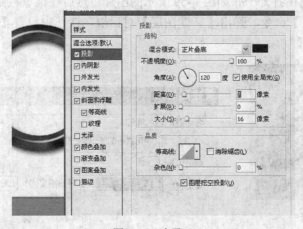

图4-56 步骤八

（9）为手镯制作丝绸背景。在背景层中，填充深蓝色，选择选框工具，设置羽化为30，做三个选区，如图4-57所示。

（10）在选取内填充淡蓝色，如图4-58所示，即完成制作。

图4-57 步骤九　　　　　　　　　　　　　图4-58 步骤十

4.4　填充图层和调整图层

调整图层和填充图层与图像图层有着相同的不透明度和混合模式选项，可以像图像图层那样重排、删除、隐藏和复制。默认情况下，调整图层和填充图层有图层蒙版，有图层缩览图左边蒙版图标表示。如果在创建调整图层或填充图层是路径处于可用状态，则创建的是矢量蒙版而不是图层蒙版。

4.4.1　新建填充图层

在菜单栏中执行【图层】|【新建填充图层】命令，弹出子菜单，可在其中选择所需的命令。

一、纯色

利用纯色命令可以创建纯色填充图层。虽然会产生完全覆盖效果，但通过编辑图层蒙版或调整填充图层的混合模式和不透明度，可以制作意想不到的效果。

【例 4-4】　使用纯色命令新建填充图层。

解　（1）从素材中打开一张如图 4-59 所示的图片，然后在菜单栏中执行【图层】|【新建填充图层】|【纯色】命令，弹出【新建图层】对话框，在其中设置【模式】为【叠加】，如图 4-60 所示。

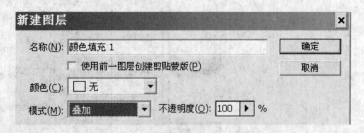

图 4-59　步骤一　　　　　　　　　　　　　　图 4-60　步骤二

（2）在【新建图层】对话框中单击【确定】按钮，弹出对话框，在其中选择所需的颜色，选择好后单击【确定】按钮，即可得到如图 4-61 所示的效果。

（3）此时在【图层】面板中已经自动添加了一个填充图层，如图 4-62 所示。

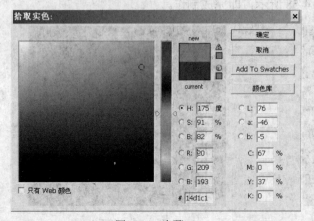
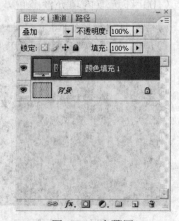

图 4-61　步骤三　　　　　　　　　　　　　　图 4-62　步骤四

二、渐变

利用渐变命令可以创建渐变填充图层。可以通过编辑图层蒙版或修改混合模式或不透明度来创建特殊效果。

【例4-5】　使用渐变命令创建渐变填充图层

解　（1）从素材中打开一张如图4-63所示的图片，然后在菜单栏中执行【图层】|【新建填充图层】|【渐变】命令，弹出【新建图层】对话框，在其中设置【模式】为【柔光】，如图4-64所示。

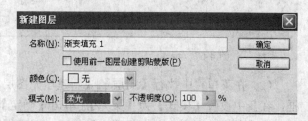

图4-63　步骤一　　　　　　　　　　　　　　图4-64　步骤二

（2）在【新建图层】对话框中单击【确定】按钮，弹出【渐变填充】对话框，在其中单击【渐变】后的下拉按钮，弹出【渐变拾色器】调板，在其中选择所需的渐变，如图4-65所示，单击【确定】按钮，即可得到如图4-66所示的效果。

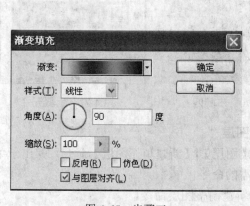

图4-65　步骤三　　　　　　　　　　　　　　图4-66　步骤四

（3）在【图层】面板中已经自动添加了一个填充图层。

三、图案

利用图案命令可以创建图案填充图层。可以通过编辑图层蒙版或更改混合模式或设置不透明度来创建特殊效果。

【例4-6】　使用图案命令创建图案填充图层

解　（1）从素材中打开一张如图 4-67 所示的图片，从工具箱中选择钢笔工具，在选项栏中设定【容差】为 60，然后再图像中的红色区域上单击以选择红色区域，如图 4-68 所示。

图 4-67　步骤一　　　　　　　　　　　　　　　　　　　图 4-68　步骤二

（2）在菜单栏中执行【图层】|【新建填充图层】|【图案】命令，弹出【新建图层】对话框，在其中设置【模式】为【柔光】，单击【确定】按钮，弹出如图 4-69 所示的对话框，在其中点选所需的图案，单击【确定】按钮，即可得到如图 4-70 所示的效果。

（3）在【图层】面板中已经自动添加了一个填充图层，如图 4-71 所示。

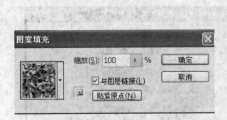

图 4-69　步骤三　　　　　　　图 4-70　步骤四　　　　　　　图 4-71　步骤五

4.4.2　新建调整图层

在菜单栏中执行【图层】|【新建填充图层】命令，弹出子菜单，可在其中选择所需的命令。

【例 4-7】　使用新建调整图层命令。

解　（1）从素材中打开一张如图 4-72 所示的图片。

（2）在菜单栏中执行【图层】|【新建填充图层】|【色相/饱和度】命令，弹出如图 4-73 所示的对话框，单击【确定】按钮，接着弹出如图 4-74 所示的对话框，先勾选【着色】复选框，再设定【色相】为 0，【饱和度】为 32，【明度】为 0，单击【确定】按钮即可得到如图 4-75 所示的效果。

图 4-72　步骤一

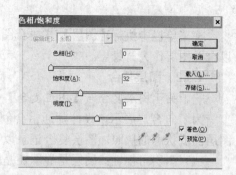

图 4-73　步骤二　　　　　　　　　　　　图 4-74　步骤三

（3）在【图层】面板中已经自动添加了一个调整图层，如图 4-76 所示。

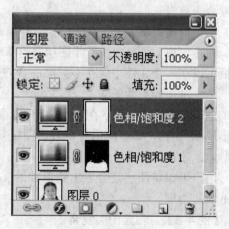

图 4-75　步骤四　　　　　　　　　　　　图 4-76　步骤五

4.5　合并图层及图层复合

4.5.1　合并图层

确定图层内容后，可以合并图层以创建复合图像。在合并后的图层中，所有透明区域的重叠部分仍会保持透明。合并图层有助于管理图像文件的大小。提示：不能将调整图层或图中图层用作合并的目标图层。

一、向下合并

如果在图像中只选择一个图层，则在菜单栏中执行【图层】|【向下合并】命令，可将选择的图层与其下一图层进行合并，并以下一层图层的名称进行命名。

如果在图像中选择了多个图层，则在菜单中执行【图层】|【合并图层】命令，可将选择的图层合并为一个图层，图层名称以前图层的名称命名，如果链接了背景图层，则以该图层替换背景层。

二、合并可见图层

在菜单栏中执行【图层】|【合并可见图层】命令，可将图像中所有可见的图层合并为一个图层，图层名称以当前图层的名称命名，如果背景图层是可见的，则以合并图层替换背景层。

三、拼合图像

在菜单栏中执行【图层】|【拼合图像】命令，可将图像中所有图层合并为一个图层，并以合并图层作为背景层。

4.5.2　图层复合

一、关于图层复合与【图层复合】面板

为了向客户展示，设计师通常会创建页面版式的多个合成图稿（或复合）。图层复合是图层面板状态的快照。图层复合记录以下三种类型的图层选项：

（1）图层可视性：图层是显示还是隐藏。

（2）图层位置：在文档中的位置。

（3）图层外观：是否将图层样式应用于图层和图层的混合模式。

通过更改文档中的图层并更新"图层复合"调板中的复合来创建复合；通过在文档中应用复合来查看它们。

二、创建图层复合

在【窗口】菜单中执行【图层复合】命令可显示或隐藏【图层复合】面板。【图层复合】面板可以在一个文件中保存不同层的合并效果，以便对各种效果进行快速查看。

三、应用和查看图层复合

创建好图层复合后，在【图层复合】面板中单击图层复合前面的方框（如"图层复合 2"）以出现 图标，即可应用与查看该图层复合效果。

四、导出图层复合

用户可以将图层复合导出到单独的文件、包含多个图层复合的 PDF 文件或图层复合的 Web 照片画廊。

【例 4-8】　创建图层复合。

解　（1）从素材中打开一张图片，接着在工具箱中选择 横排文字蒙版工具，移动指针到画面中适当位置单击并输入【秋景】文字，如图 4-77 所示，选择文字后在字符面板中设定【字体】为华文琥珀，【字体大小】为 170 点，【垂直缩放】为 70%，【水平缩放】为 120%，【所选自符间距】为 200。然后在选项栏中单击【提交当前所有所有编辑】按钮，确定文字输入，即可得到如图 4-78 所示的文字选区。

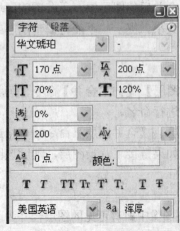

图 4-77　步骤一

图 4-78　步骤二

（2）按【Ctrl+J】键复制选区内容为图层 1，如图 4-79 所示，同时画面中的选区被取消选择，可在【图层】面板中双击图层 1，弹出【图层样式】对话框，在其左边栏中单击【斜面和浮雕】选项，然后在右边栏中设定【样式】为枕状浮雕，【方法】为雕刻清晰，【深度】为 510%，【大小】为 21 像素，【软化】为 9 像素，阴影颜色为#0a6108，然后勾选【外发光】和【内发光】选项，其他默认值，如图 4-80 所示，将对话框移开即可看到画面效果。

图 4-79　步骤三

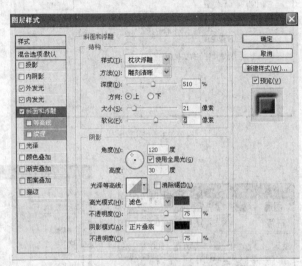

图 4-80　步骤四

（3）在【图层样式】对话框的左边栏中单击【描边】选项，在其右边栏中设定【大小】为 2，【位置】为居中，【颜色】为黑色，其他为默认值，如图 4-81 所示，单击【确定】按钮即可得到如图 4-82 所示的效果。

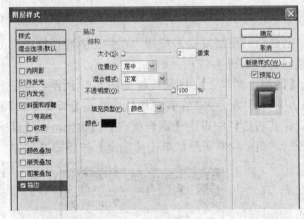

图 4-81　步骤五

图 4-82　步骤六

（4）显示【图层复合】面板，在其中单击 （创建新的图层复合）按钮，弹出如图 4-83 所示的对话框，在其中可根据需要选择选项，在【注释】文本框中对该图层复合进行相应的注释，这里采用默认值，直接单击【确定】按钮，即可在【图层复合】面板中添加一个图层复合，如图 4-84 所示。

（5）在图层面板中复制图层 1 为图层副本，如图 4-85 所示。

（6）在图层面板中双击【图层副本 1】，弹出【图层样式】对话框，在左边栏中单击【图案叠加】选项，在右边栏中设定【混合模式】为亮光，在【图案】下拉列表中选择所需的图案，如图 4-86 所示，单击【确定】按钮。

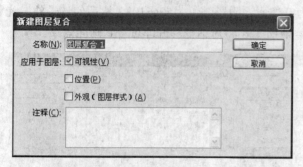

图 4-83　步骤七

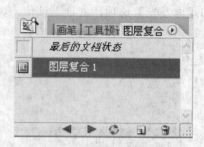

图 4-84　步骤八

图 4-85　步骤九

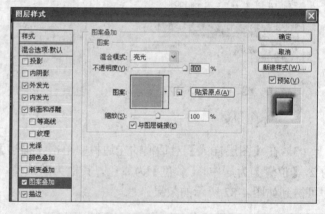

图 4-86　步骤十

（7）在【图层复合】面板中单击 （创建新的图层复合）按钮，在弹出的对话框中直接单击【确定】按钮，即可创建第 2 个图层复合，如图 4-87 所示。

（8）按 Ctrl+J 键复制【图层 1 副本】为【图层 1 副本 2】，图层面板如图 4-88 所示，再在图层面板中双击【图层 1 副本 2】，弹出【图层样式】对话框，在其左边栏中单击【渐变叠加】选项，取消【图案叠加】选项的勾选，然后在其右边栏中设定【混合模式】为柔光，在【渐变】列表中选择所需的渐变，【缩放】为 65%，如图 4-89 所示，单击【确定】按钮即可。

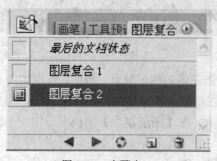

图 4-87　步骤十一

图 4-88　步骤十二

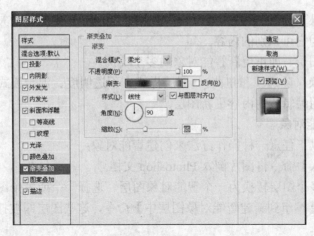

图 4-89 步骤十三

(9) 在【图层复合】面板中单击【创建新的图层复合】按钮，在弹出的对话框中直接单击【确定】按钮即可创建第 3 个图层复合，如图 4-90 所示。单击【确定】按钮即可，如图 4-91 所示。

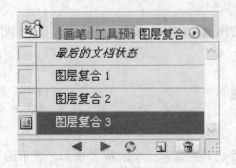

图 4-90 步骤十四

图 4-91 步骤十五

4.6 智 能 对 象

智能对象是一种容器，可以在其中嵌入栅格或矢量图像数据。嵌入的数据将保留其所有原始特性，仍然可以编辑。可以在 Photoshop 中通过转换一个或多个图层来创建智能对象。此外，用户可以在 Photoshop 中粘贴或放置来自 Illustrator 中的数据。智能对象使用户能够灵活地在 Photoshop 中已非破坏性方式缩放、旋转图层和将图层变形。

智能对象实际上是一个嵌入在另一个文件中的文件。当用户依据一个或多个选定图层创建一个智能对象时，实际上是在创建一个嵌入在原始（父）文档中的新（子）文件。

智能对象非常有用，因为他们允许用户执行以下操作：

（1）执行非破坏性变换。例如，可以根据需要按任意比例缩放图层，而不会丢失原始图像数据。

（2）保留不是以 Photoshop 方式处理的数据，如 Illustrator 中的复杂矢量图片。Photoshop 会自动将文件转换为它可识别的内容。

（3）编辑一个图层，即可更新智能对象的多个实例。

（4）可以将变换（除透视和扭曲）、图层样式、不透明度、混合模式和变形应用于智能对象。更改后将使用编辑过的内容更新图层。

4.6.1　创建智能对象

用户可以通过以下任意一种操作方法来创建智能对象：

（1）使用【置入】命令将图片倒入 Photoshop 文档。

（2）将一个或多个图层转换为一个智能对象图层。选择一个或多个图层，然后执行【图层】|【智能对象】|【编组到新建智能对象图层中】命令，这些图层即被打包到一个名为【智能对象】的图层中。

（3）复制现有的智能对象，以便创建引用相同源内容的两个版本。可以链接智能对象，以便在编辑某个版本时另一个版本也会更新。也可以取消智能对象的链接，以使您对一个智能对象所做的编辑不会影响另一个智能对象。

（4）将选定的 PDF 或 Adobe Illustrator 图层或对象拖入 Photoshop 文档中。

（5）将图片从 Adobe Illustrator 复制并粘贴到 Photoshop 文档中。为了使图片从 Illustrator 粘贴时获得最大的灵活性，请确保 PDF 和 AICB（不支持透明度）在 Adobe Illustrator 中的【文件处理】和【剪贴板】首选项中都处于启用状态。

4.6.2　通过复制新建智能对象

在菜单栏中执行【图层】|【新建】|【通过复制的图层】命令（或按 Ctrl+J 键），即可新建一个通过复制的智能对象，可增强画面效果。

练　习　题

一、填空题

1. 在【图层】|【调板】中，有些图层前的第一个方块内显示一个眼睛👁图标，表示图层_____。

2. 图层的属性主要包括_____和_____，这两个属性决定了像素与其图层中的像素相互作用的方式。

3. 在【图层】|【调板】中，有些图层前的第二个方块内显示一个_____图标，表示该图层与选中图层具有链接关系。具有链接关系的图层可以一起进行移动、缩放等操作，且_____保持不变。

二、选择题

1. 以下哪个命令只有在执行【新建填充图层】或【新建调整图层】命令后才能成为活动可用状态？（　　）

　　A．合并图层　　　　　　　　B．链接图层

　　C．合并可见图层　　　　　　D．图层内容选项

2. 利用以下哪两个命令将选区转换为新图层？（　　）

　　A．复制图层　　　　　　　　B．复制

C. 通过复制的图层　　　　　　　D. 通过剪切的图层

3. 利用以下哪个命令可以更改图层/组的名称和颜色？（　　）

A. 图层/组属性　　　　　　　　　B. 调整图层

C. 图层内容选项　　　　　　　　D. 填充图层

4. 图层的哪两项决定了其像素与其他图层中的像素相互作用方式？（　　）

A. 不透明度　　　　　　　　　　C. 填充不透明度

C. 混合选项　　　　　　　　　　D. 图层样式

5

通 道 与 蒙 版

Photoshop 中的通道是用来保存图像颜色数据，每个通道代表一种图像或这颜色模式。蒙版就像喷绘时使用的挡板，它可以用来限制颜料的喷绘范围。有时可以将两者等同起来，因为这两个概念都可以和选择区域联系在一起，被当作选择区域的特殊变化。

学习重点
- 了解通道的基本类型。
- 掌握通道的基本操作。
- 掌握蒙版的应用。
- 掌握通道混合计算。

5.1 通道的基本类型

在 Photoshop 中，通道可以分为颜色通道、专色通道和 Alpha 选区通道 3 种，它们均以图标的形式出现在通道调板当中。

5.1.1 颜色通道

Photoshop 处理的图像都有一定的颜色模式。不同的颜色模式，表示图像中像素点采用的不同颜色描述方法。换句话说，在 Photoshop 中，同一图像中的像素点在处理和存储时都必须采用同样的颜色描述方法（RGB、CMYK、Lab 等），这些不同的颜色描述方式实际上就是图像的颜色模式。不同的颜色模式具有不同的呈色空间和不同的原色组合。

在一幅图像中，像素点的颜色就是由这些颜色模式中的原色信息来进行描述的。那么，所有像素点历包含的某一种原色信息，便构成了一个颜色通道。

例如，一幅 RGB 图像中的红通道便是由图像中所有像素点的红色信息所组成的，同样，绿通道或蓝通道则是由所有像素点的绿色信息或蓝色信息所组成的，它们都是颜色通道，这些颜色通道的不同信息配比便构成了图像中的不同颜色变化。所以，可以在 RGB 图像的通道调板中看到红、绿、蓝 3 个颜色通道和 1 个 RGB 的复合通道，如图 5-1 所示；在 CMYK 图像的通道调板中将看到黄、洋红、青、黑 4 个颜色通道和 1 个 CMYK 的复合通道，如图 5-2 所示。

每个颜色通道都是一幅灰度图像，它只代表一种颜色的明暗变化。所有颜色通道混合在一起时，便可形成图像的彩色效果，也就构成了彩色的复合通道。

对于 RGB 图像来说，颜色通道中较亮的部分表示这种原色用量大，较暗的部分表示该原色用量少；而对于 CMYK 图像来说，颜色通道中较亮的部分表示该原色用量少，较暗的部分表示该原色用量大。所以，当图像中存在整体颜色偏差时，可以方便地选择图像中的一个颜色通道，并对其进行相应的校正。

图 5-1　RGB 通道调板

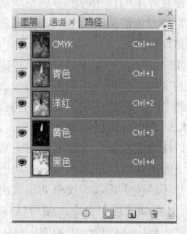

图 5-2　CMYK 通道调板

　　例如，某 GBG 原稿色调中的红色不够，对其进行校正时，就可以单独选择红色通道来对图像进行调整，如图 5-3 和图 5-4 所示。

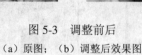
（a）　　　　　　　　　　　　　（b）

图 5-3　调整前后
（a）原图；（b）调整后效果图

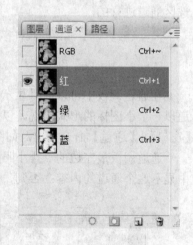

图 5-4　红通道调整

　　红色通道是由图像中所有像素点的红色信息组成的，可以选择红色通道，提高整个通道的亮度，或使用填充命令在红色通道内填入具有一定透明度的白色，便可增加图像中红色的用量，达到调节图像效果的目的。

5.1.2　专色通道

　　专色通道扩展了通道的含义，同时也实现了图像中专色版的制作。

　　简单地理解专色就是黄、品、青、黑 4 种原色油墨以外的其他印刷颜色。对于黄、品、青、黑 4 种原色油墨来说，它们的颜色都有非常严格的规定，以使我们在大多数印刷品中可以得到较准确的色彩复制；但专色油墨的颜色却可以根据需要随意调配，没有任何限制。使用专色油墨再现的实地通常要比 4 色叠印出的实地更平、颜色更鲜艳。

与 4 种原色油墨一样，在印刷时，每种专色油墨都对应着一块印版，而 Photoshop 的专色通道便是为了制作相应的专色色版而设置的。

设定好专色油墨的信息后，在通道调板中选定专色通道，其中作出的任何变化都会以专色颜色体现出来。

在 Photoshop 的制作过程中，可以根据需要在图像中添加相应的专色内容，如各种纯色的颜色的变化，也可直接将图像的一部分以专色的形式复制（将原图的一部分剪切，粘贴在专色通道之中，并对其层次作相应的修改），以得到更好的印刷效果。

5.1.3　Alpha 选区通道

在以快速蒙版制作选择区域时，通道调板中会出现一个以斜体字表示的临时蒙版通道，它表示蒙版所代替的选择区域，切换回正常编辑状态时，这个临时通道便会消失，而它所代表的选择区域便重新以虚线框的形式出现在图像之中。如果制作了一个选择区域，然后执行【选择】|【存储选区】命令，便可以将这个选择区域存储为一个永久的 Alpha 选区通道。此时，通道调板中会出现一个新的图标，它通常会以 Alpha 1、Alpha 2、Alpha 3、…方式命名，这就是所说的 Alpha 选区通道。

Alpha 选区通道是存储选择区域的一种方法，需要时，再次执行【选择】|【载人选区】命令，即可调出通道表示的选择区域。许多 Photoshop 特殊效果的制作，实际上都是利用 Alpha 选区通道进行的。

5.2　通　道　调　板

在通道调板中可以同时显示出图像中的颜色通道、专色通道及 Alpha 选区通道，每个通道以一个小图标的形式出现，以便控制。同其他调板一样，它可执行窗口菜单下的显示通道【窗口】|【通道】命令调出，如图 5-5 和图 5-6 所示。

通道调板最左边的一排小眼睛图标，标示着各通道的观察状态。选中它，则在图像窗口中显示这个通道的内容；否则，只能看到其他通道组合的结果。

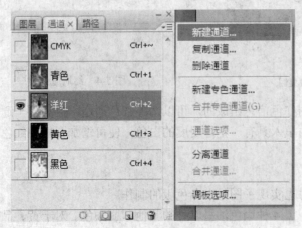

图 5-5　通道调板

图 5-6　通道调板选项卡

5.3 通道的操作

在通道编辑过程中，会进行许多的操作，有些操作是最基本的，也是常用的，本节将对通道的创建、复制、删除、分离和合并等进行介绍。

5.3.1 新建通道

单击通道调板上三角按钮，弹出对话框，选择【新通道】命令；或单击通道调板下边框上【创建新通道】按钮，如图 5-7 所示。

5.3.2 复制和删除通道

可以直接将某一个通道拖到通道调板下方的【创建新通道】图标上进行复制，或拖到【删除当前通道】图标上来删除它；或者选中某一个通道，使用调板右上角的弹出菜单中的【复制通道】、【删除通道】命令完成同样操作。

当选择【复制通道】命令时，会弹出【复制通道】对话框，如图 5-8 所示。

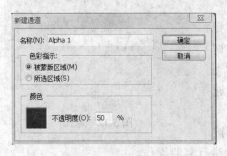

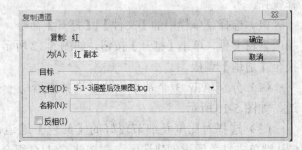

图 5-7 新建通道 　　　　　　　　　　　　　　图 5-8 复制通道

需要注意的是，如果删除了一个颜色通道，图像的颜色模式会自动转为【多通道模式】。

5.3.3 分离与合并通道

为了显示不同通道下的单独文件，可以在【通道】调板上单击小三角按钮，在弹出的下拉菜单中选择【分离通道】和【合并通道】命令进行编辑，如图 5-9 所示。

图 5-9 分离通道

分离后图像单独窗口显示，且都是灰度图。合并通道操作相当于分离通道操作的逆向操作，它能够将多个灰度图像合并成一个图像，弹出【合并通道】对话框，在【模式】中选择合并后图像的【RGB 颜色】模式，在通道中输入合并的通道数量，如图 5-10 和图 5-11 所示。

图 5-10 合并通道

图 5-11 合并通道选项卡

下面通过一个实例讲解如何运用通道进行精细选择操作。

（1）选择菜单栏中的【文件】|【打开】命令，选择相应素材文件，单击【打开】按钮，如图 5-12 所示，切换至【通道】调板。

（2）分别单击 3 个基本原色通道并查看每一个通道，如图 5-13 所示。

图 5-12 原图

（3）选择对比度及细节较好的【红色】通道，按 Ctrl 键单击红色通道创建选区，并按住 Ctrl+C 组合键进行复制操作。

图 5-13 基本原色通道

（4）选择菜单栏中的【文件】|【打开】命令，选择相应素材文件，单击【打开】按钮，如图 5-14 所示，按 Ctrl+V 组合键将上一步复制的内容粘贴到图 5-14 的图像中，如图 5-15 所示。

（5）将当前图层的混合模式改变为【叠加】，得到如图 5-16 所示。

图 5-14 原图   图 5-15 粘贴后   图 5-16 最终效果

（6）选择菜单栏中的【文件】|【打开】命令，选择相应素材文件，单击【打开】按钮，如图 5-17 所示，切换至【通道】调板。

（7）分别单击 3 个基本原色通道并查看每一个通道，选择对比度及细节较好的【红色】通道，将其拖曳至调板上的【创建新通道】按钮上，得到通道副本。

（8）按 Crtl 键单击【红色通道副本】创建选区，并按 Crtl+C 组合键进行复制操作，按 Crtl+C 组合键进行复制操作。

（9）按 Ctrl+V 组合键将上一步复制的内容粘贴到图 5-16 的图像中，将当前图层的混合模式改变为【叠加】，得到如图 5-18 所示。

图 5-17　原图

图 5-18　调整后图像

（10）选择菜单栏中的【文件】|【打开】命令，在弹出的对话框中选择素材文件，如图 5-19 所示，重复以上步骤，最终等到如图 5-20 所示的效果。

图 5-19　原图

图 5-20　最终效果

5.4 专 色 通 道

专色通道能够在印刷过程中形成单独的套版，输出图像时以单独的专色套版输出，它在实际印刷时主要用来存放金色、银色等这些特别要求的颜色。

5.4.1　新建专色通道

使用通道调板弹出菜单中的【新专色通道（New Spot Channel）】命令，可弹出【新专色通道】对话框，如图 5-21 所示。

创建新专色通道的具体步骤如下：

图 5-21　新建专色通道

（1）单击【通道】调板右上角 按钮。

（2）在弹出的下拉菜单中选择【新专色通道】命令，弹出【新建专色通道】对话框。

（3）设置对话框中各项参数。

1）名称：设置新的专色通道名称。

2）油墨特性：单击【颜色】后面的小颜色块，在弹出的【拾色器】对话框中选择颜色，设置专色的颜色效果，该颜色在印刷时会起作用。

3）密度：在文本框中可以输入 1～100 之间的数值，从而确定该专色的浓度。

（4）单击【确定】按钮后，【新专色通道】对话框中的颜色就变成所选颜色。

5.4.2　编辑专色通道

（1）在【通道】调板中选择专色通道。

（2）使用绘画或编辑工具在图像中绘画。用黑色绘画可添加更多不透明度为 100%的专色；用灰色绘画可添加不透明度较低的专色，如图 5-22 和图 5-23 所示。

说明：与【专色通道选项】对话框中的【密度】选项不同，绘画或编辑工具选项中的【不透明度】选项决定用于打印输出的实际油墨浓度。

5.4.3　合并专色通道

（1）在【通道】调板中选择专色通道。

（2）从调板菜单中选取【合并专色通道】，如图 5-24 所示。

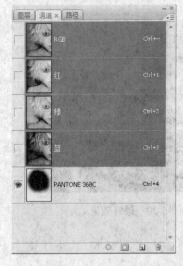

图 5-22　图像中绘画

图 5-23　效果图

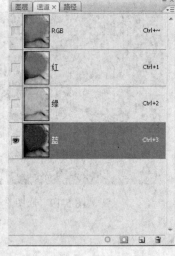

图 5-24　合并专色通道

专色被转换为颜色通道并与颜色通道合并。从调板中删除专色通道。合并专色通道可以拼合分层图像。合并的复合图像反映了预览专色信息，包括【密度】设置。例如，密度为 50%的专色通道与密度为 100%的同一通道相比，可生成不同的合并结果。

此外，专色通道合并的结果通常不会重现与原专色通道相同的颜色，因为 CMYK 油墨无法呈现专色油墨的色彩范围。

5.5 蒙　版

蒙版可以用来将图像的某一部分分离开来，保护图像的某部分不被编辑。当基于一个选区创建蒙版时，没有选中的区域成为被蒙版蒙住的区域，可防止被编辑或修改。利用蒙版，可以将花费很多时间创建的选区存储起来随时调用，另外，也可以将蒙版用于其他复杂的编辑工作，如对图像执行颜色变换或滤镜效果等。

在 Photoshop 中，可以创建【快速蒙版】这样的临时蒙版，也可以创建永久性的蒙版。

5.5.1　创建及编辑快速蒙版

一、创建快速蒙版

利用快速将一个浮动的选择区转变为一个临时蒙版，并将这个快速蒙版转会选择范围。将临时的快速蒙版转回选择区后这一快速蒙版就被删除了。

（1）执行【文件】|【打开】命令，打开如图 5-25 所示的文件。

（2）选择工具箱中的魔棒工具，在魔棒工具的选项栏中，将【容差】数值设定为 55，如图 5-26 所示。

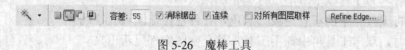

图 5-26　魔棒工具　　　　　　　　　　　　　　　图 5-25　原图

（3）使用魔棒工具，在图像上进行选区设置。

（4）在工具箱中单击快速蒙版按钮，如图 5-27 所示，弹出【快速蒙版选项】对话框，如图 5-28 所示，设置色彩指示为【所选区域】，并单击颜色下色块，选取一个与图像反差比较大的颜色作为半透明的颜色，按【确定】按钮，得到如图 5-29 所示结果。

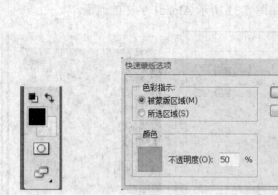

图 5-27　快速蒙版按钮　　　　图 5-28　快速蒙版选项　　　　图 5-29　快速蒙版效果图

二、编辑快速蒙版

在快速蒙版状态下，可以用画笔工具对快速蒙版进行编辑来增加或减少选区。在快速蒙版模式下，Photoshop 自动转换为灰阶模式，前景色为黑色，背景色为白色。当进行相应的编辑时，用白色绘图工具相当于擦除蒙版，用黑色绘图时相当于增加蒙版面积，红色区域变大。

通过擦除蒙版区域来增加选区。

（1）将工具箱中的前景色切换为白色，并选择工具箱中的画笔工具。

（2）在画笔工具的选项卡中，确认【正常】模式，在弹出式画笔调板中选择适当的画笔，如图 5-30 所示。

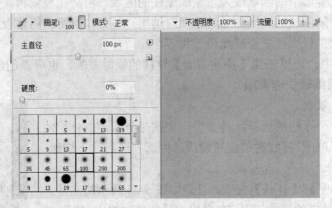

图 5-30   设置画笔

（3）在编辑快速蒙版时，为了修改细节，进行调整图像大小。

（4）使用画笔工具，将工具箱中的前景色设为黑色，在红色覆盖区域上绘制。

（5）当图像绘制完成时，双击工具箱中抓手工具，使全部图像都显示出来。

（6）执行【文件】|【存储】命令将文件存储起来，当下次打开图像时制作的快速蒙版依然保留。切换至标准模式下执行存储命令，再打开图像时，选取消失。

5.5.2   创建及编辑通道蒙版

一、创建通道蒙版

（1）执行【窗口】|【通道】命令，打开【通道】调板。

（2）执行【选择】|【选择区】命令，在弹出的对话框中，确认【新建】通道，单击【确定】后，在通道调板颜色通道下面出现如图 5-31 所示 Alpha1 字样的通道。

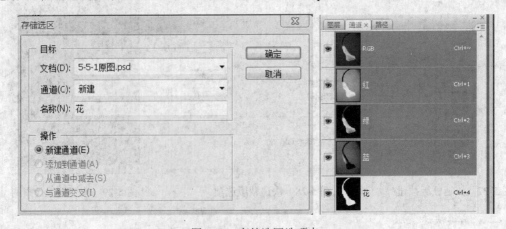

图 5-31   存储选区选项卡

（3）单击通道调板上眼睛图标，查看全部通道图像信息。

（4）单击通道调板中位于最上方的符合通道前面的眼睛图标，显示为标准彩色图像，然

后执行【选择】|【取消选择】命令，选区消失。

二、编辑通道蒙版

（1）单击通道调板中存储图像的选择区域，如图 5-32 所示。

（2）选中工具箱中的画笔工具，将工具箱中的前景色设置为白色，将选取内黑色斑点涂掉。同样，将前景色设为黑色，将黑色区域的斑点去掉。

图 5-32 编辑通道蒙版

5.5.3 创建及编辑图层蒙版

一、创建图层蒙版

（1）选择菜单栏中【文件】|【打开】命令，弹出对话框，打开图像文件，如图 5-33 所示。选择要添加蒙版的图层。

图 5-33 原图

（2）单击【图层】调板下方的【添加图层蒙版】按钮，将该图层转换为一个蒙版，其中，黑色表示被图层盖住的部分，而白色表示露出的部分，如图 5-34 所示。

（3）按 Crtl 键单击【图层】调板下方的【添加图层蒙版】按钮，生成的蒙版将填充为黑色，从而使当前图层中的图像处于不可见状态，此时得到的图层蒙版如图 5-35 所示。

图 5-34 图层蒙版一

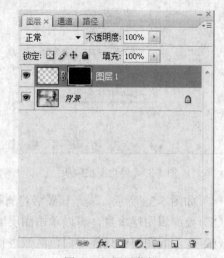

图 5-35 图层蒙版二

二、编辑图层蒙版

（1）选择菜单栏中【文件】|【打开】命令，弹出对话框，打开图像文件如图 5-36 所示。首选单击带有蒙版的图层。

图 5-36　原图

（2）单击该图层中的蒙版缩略图，前景色和背景色为默认状态颜色，选择【画笔工具】，可以用黑色来增加蒙版中内容，或用白色减少蒙版中的内容来修改蒙版效果。

（3）要停止蒙版的作用，可以使用鼠标右击蒙版缩略图，在弹出的下拉菜单中选择【停用图层蒙版】命令，如图 5-37 所示。

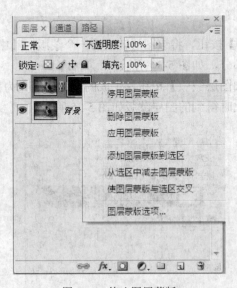

图 5-37　停止图层蒙版

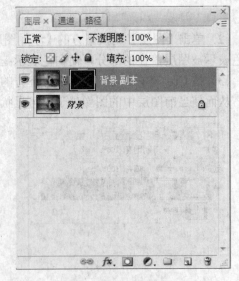

图 5-38　蒙版没有被激活

（4）如图 5-38 所示，表示该蒙版没有被激活。

（5）要编辑图层本身，可以单击图层缩略图，此时就能对图层进行编辑。

（6）在蒙版图层中只能对白色区域进行绘制操作，而黑色区域由于被遮蔽，所以不能进行操作，用画笔绘制后，只有白色区域产生图案，而黑色区域不受影响。

5.6 图像混合运算

选择区域见可以相加减、相交的不同算法。Alpha 选区同样可以利用计算的方法来实现各种复杂效果，制作出新的选择区域形状。在【图像】菜单下还有另外两个计算命令。

（1）复制命令：可产生一个当前图像文件的拷贝。

（2）应用图像命令：可使另一个文件的通道和当前图像文件执行计算功能，同样要求两个图像文件具有完全相同的大小和分辨率，也就是说具有相同数量的像素点。

5.6.1 应用图像命令

【应用图像】命令可以使用图像的彩色复合通道做计算，而【计算】命令只能使用图像的单一通道来做计算，如红通道。【计算】命令如果使用通道的所有亮度信息，可选择【灰色】通道。【应用图像】命令的"源"只有一个，而【计算】命令最多可以有两个计算源。

【应用图像】命令的计算结果会被加到图像的图层上，而【计算】命令的结果将被存储为一个新通道或建立一个全新的通道文件。

5.6.2 计算

在 Photoshop 中，执行【图像】|【计算】命令，直接以不同的 Alpha 选区通道进行计算，以生成一些新的 Alpha 选区通道。

在【计算】对话框中，可以选择计算【源】、计算使用的【混合】方式以及计算结果存储的位置，如图 5-39 所示。

在以下的各种【混合】方式中，如图 5-40 所示，可以假定不使用蒙版功能，不选择计算源中的【负相】开关，只考虑这些算法的基本效果。计算源 1 为 Alpha 1 通道，如图 5-41 所示；计算源 2 为 Alpha 2 通道，如图 5-42 所示；或为红通道，如图 5-43 所示。

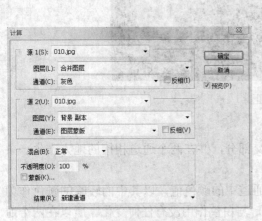

图 5-39　计算

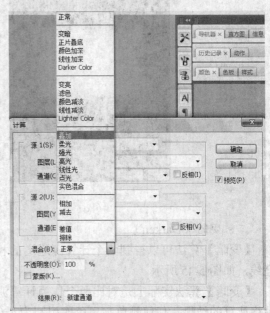

图 5-40　混合模式

下面我们列出不同计算方式的计算结果，如图 5-40～图 5-65 所示。以下操作中均由三个图组成，左侧的图表示【不透明度】为 100%时 Alpha 1 通道和 Alpha 2 通道的计算结果；中间的图表示【不透明度】为 50%时 Alpha 1 通道和 Alpha 2 通道的计算结果；右侧的图表示【不透明度】为 100%时 Alpha 1 通道和红通道的计算结果。

图 5-41　Alphal 通道　　　　　图 5-42　Alpha 2 通道　　　　　图 5-43　红通道

一、正常（Normal）

在【正常】模式下，计算的结果就是所设置的计算源 1（Alpha 1 通道），或者说在这种情况下，相当于将计算源 1 复制了一份，如图 5-44 所示。

左图表示【不透明度】为 100%时的 Alpha 1 通道和 Alpha 2 通道的计算结果；右图表示【不透明度】为 50%时 Alpha 1 通道和 Alpha 2 通道的计算结果。

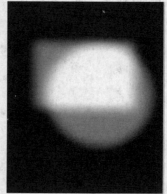

图 5-44　正常

二、变暗（Darken）

【变暗】算法可以得到两个计算源通道的相交部分，并在两个通道相接的地方产生一条亮线，如图 5-45 所示。

【变暗】算法实际上是对比两个作为计算源通道中的颜色值，以其中的较暗的颜色作为最终计算的结果。任何颜色与黑色作用都为黑色，与白色作用没有任何变化。所以在两个通道间采用变暗算法时，只能是相交部分的颜色能保留下来，且两个通道相接的地方颜色一致，不产生变化因此会有一条亮线。

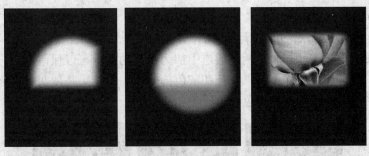

图 5-45 变暗

三、正片叠底（Multiply）

使用【正片叠底】混合方式，也就是相乘算法，可以得到作为计算源的两个通道的交集，如图 5-46 所示。也就是说，将两个通道重叠在一起时，两个通道中都为白色的部分可以保留下来；源通道中的灰色部分与白色作用可保持原样不变；任一个通道中的黑色部分在结果通道中都为黑色。

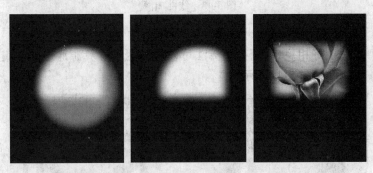

图 5-46 正片叠底

四、颜色加深（Color Burn）

Alpha 1 通道与 Alpha 2 通道分别设置为计算源 1 和计算源 2 时，运用【颜色加深】算法，结果以计算源 2 为基础，两个通道相交的部分保持不变，而计算源 2 中的非白色部分全部变黑。如图 5-47 所示。

【颜色加深】是指计算源 1 中的暗色使计算源 2 变得更暗。或者说，计算源 1 中的白色不会影响计算源 2 的变化；计算源 1 中的灰色会根据与计算源 2 的比较值变化：如果其更暗的话，则会降低计算源 2 的亮度；计算源 1 中的黑色会使计算源 2 中的非白色区域变为纯黑。

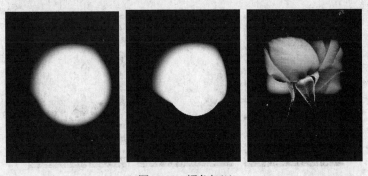

图 5-47 颜色加深

五、线性加深（Linear Burn）

使用【线性加深】算法，可以得到作为计算源的两个通道的交集，如图 5-48 所示。也就是说，将两个通道重叠在一起时，两个通道中都为白色的部分可以保留下来；源通道中的灰色部分与白色作用可保持原样不变；灰色和灰色部分作用的结果是使灰色更暗；任一个通道中的黑色部分在结果通道中都为黑色。

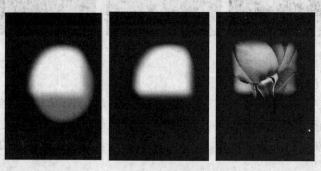

图 5-48　线性加深

六、变亮（Lighten）

与【变暗】算法正好相反，【变亮】算法可以得到两个计算源通道的并集，且在通道的接缝处产生一条暗线，如图 5-49 所示。

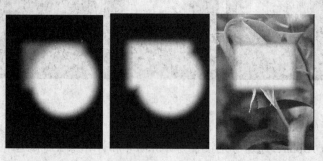

图 5-49　变亮

七、滤色（Screen）

与【正片叠加】算法相反，使用【滤色】算法，可得到两个通道的并集，即两个通道选区形状相加的结果。换句话说，在两个通道叠加时，【滤色】算法将选择两个通道中较亮的部分保留下来，如图 5-50 所示。

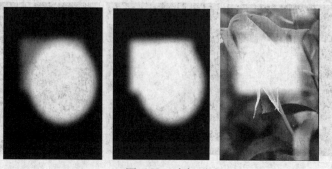

图 5-50　滤色

八、颜色减淡（Color Dodge）

【颜色减淡】算法的结果是以计算源 2 为基础，只是在两个通道相交的部分产生一种强光照射的结果：两通道相交的部分完全变为白色，在其边缘形成一条明显的界线，如图 5-51 所示。

【颜色减淡】算法实际上是计算源 1 作用在计算源 2 上的结果，相对而言，计算源 1 中较亮的部分会使计算源 2 变亮，而计算源 1 中的较暗的部分不会使计算源 2 发生任何变化。也就是说，计算源 1 中的白色部分将使计算源 2 中对应的部分变为纯白；计算源 1 中的黑色部分对计算源 2 不起任何作用；而计算源 1 中的灰色则需与计算源 2 进行比较，如果其更亮的话，则会提高计算源 2 的亮度，反之没有变化。

图 5-51　颜色减淡

九、线性减淡（Linear Dodge）

使用【线性减浅】算法，可以得到作为计算源的两个通道的并集。也就是说，将两个通道重叠在一起时，两个通道中都为白色的部分可以保留下来；源通道中的灰色部分与黑色作用可保持原样不变；灰色和灰色部分作用的结果是使灰色变亮；任一个通道中的白色部分在结果通道中都为白色，如图 5-52 所示。

图 5-52　线性减淡

十、叠加（Overlay）

使用叠加的方式进行的计算，最终得到的结果是椭圆形向内收缩了一小圈，同时在两个通道相交部分加入了一些光影变化，将两个通道相交部分变亮，如图 5-53 所示。

十一、柔光（Soft Light）

同样使用矩形和椭圆形通道使用【柔光】方式计算时，其结果与【叠加】算法类似，只是其边缘虚晕的变化要比叠加风格柔和一些，如图 5-54 所示。

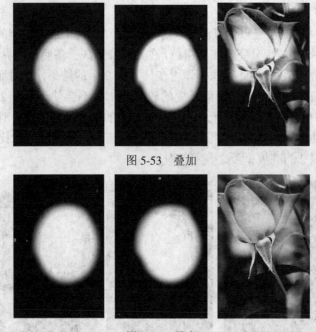

图 5-53　叠加

图 5-54　柔光

十二、强光（Hard Light）

【强光】算法的效果可以说与"叠加"算法正好相反，其结果以计算源 1 为基础，使计算源 1 向内收缩一小圈，并使其与计算源 2 相交的部分形成一块较亮的区域，如图 5-55 所示。

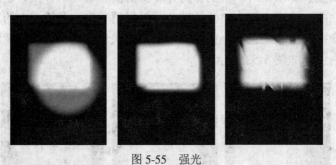

图 5-55　强光

十三、亮光（Vivid Light）

【亮光】算法是根据计算源 2，决定进行【加深（Bum）】或【减淡（Dodge）】计算，如图 5-56 所示。

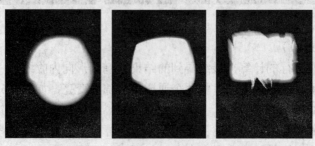

图 5-56　亮光

十四、线性光（Linear Light）

【线性光】算法与【亮光】类似，其结果是以计算源 1 为基础，使计算源 1 向内收缩一小圈，并使计算源 2 相交的部分形成一块较亮的区域，如图 5-57 所示。

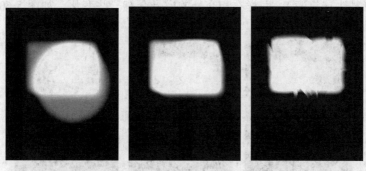

图 5-57　线性光

十五、点光（Pin Light）

【点光】算法以计算源 1 为基础，使计算源 1 向内收缩一小圈，并使其与计算源 2 相交部分形成一块较亮的区域。且两个通道相接的地方会有一条亮线和一条暗线，如图 5-58 所示。

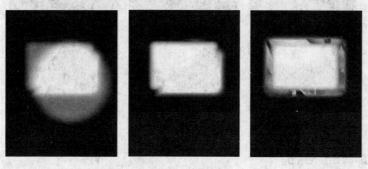

图 5-58　点光

十六、相加（Add）和相减（Subtract）

在使用【相加】与【相减】算法时，计算对话框【混合】一栏中会多出两个选项：【缩放（Scale）】和【补偿值（Offset）】。实际上这只是 Photoshop 规定的一种计算方法，在进行【相加】或【相减】计算时，Photoshop 会用两个计算源通道中对应像素点的亮度值做如下计算。

相加：

（计算源 2+计算源 1）÷缩放+补偿值=结果

相减：

（计算源 2−计算源 1）÷缩放+补偿值=结果

它们的作用在于使通道内像素点的亮度值变大或变小，或者说使像素点变亮或变暗，这实际上也就是选择区域形状的变化。其中，【缩放（Scale）】选项的取值范围同为 1.000～2.000；而【补偿值（Offset）】选项在−255～+255 之间取值；参加计算的像素点亮度值则由 Photoshop 中关于灰度的定义，在 0～255 间取值，其中 0 为黑色，最暗；255 为白色，最亮。

在两个计算源通道中，Photoshop 会依据上式得出每一个像素点对应的亮度值，也就可以得出一个新通道中所有像素点的亮度值，建立一个新的 Alpha 选区通道。

仍然以 Alpha 1 和 Alpha 2 分别作为计算源 1 和计算源 2，将【因子（Scale）】值设置为 1，【补偿值（Offset）】值设置为 0，即只用两个通道进行简单的加、减计算，不添加任何其他因素，相加时得到两个通道的并集，只是在相交处的虚晕会产生一些变化，如图 5-59 所示；相减时用计算源 2 减去计算源 1，同样在相交处的虚晕会有一些变化，如图 5-60 所示。

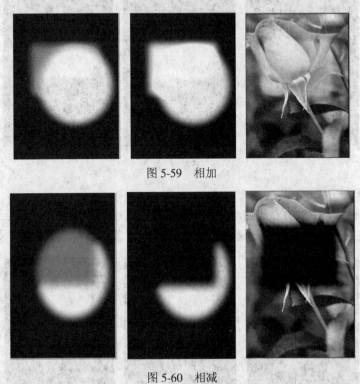

图 5-59　相加

图 5-60　相减

十七、差值（Difference）

以 Alpha 1 通道为计算源 1，Alpha 2 通道为计算源 2，运用【差值】算法对两个通道进行计算最终可以得到新的 Alpha 选区通道，它可以说是两个计算源相加再减去相父部分所得，在接缝处会产生一道黑线，如图 5-61 所示。

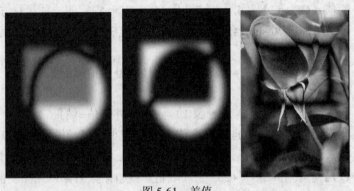

图 5-61　差值

十八、排除（Exclusion）

【排除】算法与【差值】算法的结果类似，同样得到两个通道的并集减去二者交集的效果，只是其虚晕的相交处不再是黑色的线条，而是一种较平和的过渡，如图 5-62 所示。

　　相对而言，【排除】算法的效果与【差值】算法基本相似，只是其作用力度较小，因此结果略显柔和，经常用它来制作一些金属表面或塑料表面不同的光影变化。

图 5-62　排除

练 习 题

一、选择题

1. 在 Photoshop CS2 中，一幅图像最多可建立（　　　）个通道（不考虑内存的限制）。

    A．没有限制　　　　B．24 个　　　　　　C．56 个　　　　　　　　D．100 个

2. 在 Photoshop CS2 中，通道的用途是（　　　）。

    A．用来复制图像

    B．用来存储选区

    C．在 Photoshop 7.0 版本中通道的作用就已经被图层完全取代

    D．和图层功能完全相同

3. 在 Photoshop CS2 中，对于 RGB 颜色模式的图像，默认的通道数为（　　　）。

    A．3　　　　　　　B．4　　　　　　　　C．5　　　　　　　　　D．6

4. CMYK 图像在彩色输出进行分色打印时，C 通道转换成（　　　）色的胶片。

    A．青色　　　　　　B．黄色　　　　　　C．洋红色　　　　　　　D．黑色

5. Alpha 通道最主要的用途是（　　　）。

    A．创建新通道　　　　　　　　　　　B．保存图像色彩信息

    C．为路径提供通道　　　　　　　　　D．存储和建立选区

二、判断题

1. 对于双色调模式的图像可以设定单色调、双色调、三色调和四色调，在通道调板中，它们都包含有 1 个通道。　　　　　　　　　　　　　　　　　　　　　　　　（　　　）

2. Lab 模式图像默认通道数是 4 个。　　　　　　　　　　　　　　　　　　　（　　　）

3. 在 Photoshop CS2 中，通道是用来存储选区的，所以通道中是没有色彩的，只能显示为黑、白、灰三种颜色。　　　　　　　　　　　　　　　　　　　　　　　　　（　　　）

4. 按住 Shift 键，单击新建通道按钮，可以打开【新建通道】对话框。　　　　（　　　）

5. 在 Photoshop CS2 中，可以设置将颜色通道显示为原色。　　　　　　　　　（　　　）

6

历史记录和动作

历史记录和动作是 Photoshop 用来记录 Photoshop 的操作步骤，从而便于再次回放以提高工作效率和标准化操作流程。该功能支持记录针对单个文件或一批文件的操作过程。用户不但可以把一些经常进行的"机械化"操作录成动作来提高工作效率，也可以把一些颇具创意的操作过程记录下来并提供给大家分享。

学习重点
● 了解 Photoshop 历史记录和动作的基本概念和基本操作方法。
● 掌握建立快照和自定义动作的方法。

6.1 了解历史记录

【历史记录】调板使您可以在当前工作会话期间跳转到所创建图像的任一最近状态。每次对图像应用更改时，图像的新状态都会添加到该调板中。

例如，如果您对图像局部进行选择、绘画和旋转等操作，则这些状态的每一种都会单独列在该调板中，然后您可以选择任一状态，而图像将恢复到第一次应用此更改时的外观，然后您可以从该状态开始工作。

一、【历史记录】调板注意事项

程序范围内的更改（如对调板、颜色设置、动作和预置的更改）不是对具体某个图像的更改，因此不添加到历史记录调板中。

默认情况下，【历史记录】调板会列出以前的 20 个状态（Photoshop）或 32 个状态（ImageReady）。您随时可以在【预置】中更改这一状态数。在此状态数之前的状态会被自动删除，以便为 Photoshop 释放出更多的内存。（Photoshop）如果要在整个工作会话过程中保留一个特定的状态，可为该状态创建一个快照。

Photoshop 当关闭并重新打开文档后，上次工作会话过程的所有状态和快照都将从调板中清除。

Photoshop 默认情况下，调板顶部会显示文档初始状态的快照。

状态按从上到下的顺序添加。也就是说，最早的状态在列表的顶部，最新的状态在列表的底部。

每个状态会与更改图像所使用的工具或命令的名称一起列出。

默认情况下，选择一个状态将使其下面的状态无效。这样，您就可以方便地看到：如果从选中的状态继续工作，将会放弃哪些更改。

默认情况下，选择一个状态然后更改图像将消除后面的所有状态。

如果您选择一个状态，然后更改图像，致使以后的状态被消除，可使用【还原】命令来还原上一步更改并恢复消除的状态。

默认情况下，删除一个状态将删除该状态及其后面的状态。Photoshop 如果选取了【允许非线性历史记录】选项，删除一个状态则只删除该状态。

二、【历史记录】调板的使用

（1）使用【历史记录】调板可以恢复到图像前面的状态、删除图像的状态，还可以根据一个状态或快照创建文档，如图 6-1 所示。

（2）显示【历史记录】调板。选取【窗口】|【历史记录】，或者点按【历史记录】调板选项卡。

（3）恢复到图像的前一个状态，请执行下列任一操作：

1）点按【状态】的名称。

2）将该状态左边的滑块向上或向下拖移到另一个状态。

3）从调板菜单或【编辑】菜单中选取【向前】或【返回】，以移动到下一个或前一个状态。

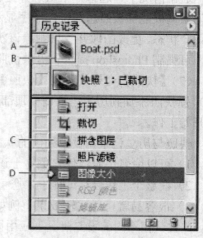

图 6-1　历史记录调板

A—设置历史记录画笔的源；B—快照缩览图；
C—历史记录状态；D—历史记录状态滑块

（4）删除图像的一个或多个状态，执行下列操作：

1）点按【状态】的名称，然后从历史记录调板菜单中选取【删除】，以删除此更改及随后的更改。

2）将状态拖移到【回收站】按钮以删除此更改及随后的更改。从调板菜单中选取【清除历史记录】，从历史记录调板中删除状态列表但不更改图像。该选项不会减少 Photoshop 使用的内存量。

3）按住 Alt 键（Windows）或者 Option 键（Mac OS），并从调板菜单中选取【清除历史记录】，从历史记录调板中清除状态列表但不更改图像。如果收到 Photoshop CS3 内存不足的信息，这时清除这些状态很有用，因为该命令将从还原缓冲区中删除这些状态并释放内存。您无法还原【清除历史记录】命令。

4）选取【编辑】|【清理】|【历史记录】将所有打开文档的状态列表从历史记录调板中清除。您无法还原此动作。

5）删除图像的所有状态（ImageReady）。从历史记录调板菜单中选取"清除重做/还原历史记录"（该动作无法还原）。

（5）根据图像的所选状态或快照创建新文档，执行下列操作：

1）将状态或快照拖移到"新文档"按钮上。

2）选择状态或快照，然后点按"新文档"按钮。选择状态或快照，然后从历史记录调板菜单中选取"新文档"。

3）要存储一个或多个快照或图像状态以便用于以后的编辑会话，请为您存储的每个状态创建一个新文件，并将新文件作为单独的文件存储。在您重新打开原始文件时，也要打开其他存储的文件。您可以将每个文件的初始快照拖移到原图像，这样，就可以通过原图像的历史记录调板再次访问该快照。

（6）从【历史记录】调板菜单中选取【历史记录选项】。

1）"自动创建第一幅快照"可以在文档打开时自动创建图像初始状态的快照。

2）"存储时自动创建新快照"可在每次存储时生成一个快照。

3）"允许非线性历史记录"可更改所选状态但不删除其后的状态。

通常情况下，选择一个状态并更改图像时，所选状态后的所有状态都将被删除。这使历史记录调板能够按照您的操作顺序显示编辑步骤列表。通过以非线性方式记录状态，可以选择某个状态、更改图像并且只删除该状态。更改将附加到列表的最后。"默认显示新快照对话框"可强制 Photoshop 提示您提供快照名称，即使是使用调板上的按钮也会如此。

（7）【快照】命令。利用【快照】命令，您可以创建图像的任何状态的临时拷贝（或快照）。新快照添加到历史记录调板顶部的快照列表中。选择一个快照使您可以从图像的那个版本开始工作。

快照与历史记录调板中列出的状态有类似之处，但它们还具有一些其他优点：

1）可以命名快照，使它更易于识别。

2）在整个工作会话过程中，您可以随时存储快照。

3）很容易就可以比较效果。例如，可以在应用滤镜前后创建快照。然后选择第一个快照，并尝试在不同的设置情况下应用同一个滤镜。在各快照之间切换，找出您最喜爱的设置。

4）利用快照，可以很容易恢复您的工作。您可以在尝试使用较复杂的技术或应用一个动作时，先创建一个快照。如果您对结果不满意，可以选择该快照来还原所有步骤。

快照不随图像存储，关闭图像时就会删除其快照。另外，除非选择了"允许非线性历史记录"选项，否则选择一个快照然后更改图像将会删除历史记录调板中当前列出的所有状态。

（a）创建快照

a）选择一个状态。

b）要自动创建快照，请点按【历史记录】调板上的【新快照】按钮，或者，如果选中了历史记录选项内的【存储时自动创建新快照】，则从【历史记录】调板菜单中选取【新快照】。

c）如果要在创建快照时设置选项，请从历史记录调板菜单中选取【新快照】，或者按住 Alt 键（Windows）或 Option 键（Mac OS）并点 4 按"新快照"按钮。

d）在"名称"文本框中输入快照的名称。

e）对于"自"，选择快照内容。

f）"全文档"可创建图像在该状态时的所有图层的快照。

g）"合并的图层"可创建图像在该状态时的合并了所有图层的快照。

h）"当前图层"只创建该状态时当前所选图层的快照。

（b）选择快照。请执行下列任一操作：①点按快照的名称；②将快照左边的滑块向上或向下拖移到一个不同的快照。

（c）重命名快照。点按两次快照，然后输入名称。

（d）删除快照。

a）选择快照，然后从调板菜单中选取"删除"。

b）选择快照，然后点按【回收站】按钮。

c）将快照拖移到【回收站】按钮上。

6.2 了 解 动 作

动作就是播放单个文件或一批文件的一系列命令。例如，可以创建这样一个动作：它先应用"图像大小"命令将图像更改为特定的像素大小，然后应用"USM 锐化"滤镜再次锐化细节，最后应用"存储"命令将文件存储为所需的格式。

大多数命令和工具操作都可以记录在动作中。动作可以包含停止，使您可以执行无法记录的任务（如使用绘画工具等）。动作也可以包含模态控制，使您可以在播放动作时在对话框中输入值。动作是快捷批处理的基础，而快捷批处理是小应用程序，可以自动处理拖移到其图标上的所有文件。

Photoshop 和 ImageReady 都包含许多预定义的动作，不过 Photoshop 中的用户可记录功能要比 ImageReady 中多得多。您可以按原样使用这些预定义的动作，根据自己的需要来自定它们，或者创建新动作。

一、使用【动作】调板

使用【动作】调板可以记录、播放、编辑和删除个别动作，还可以用来存储和载入动作文件。在 Photoshop 中，动作组合为"组"的形式，可以创建新的组以便更好地组织动作，如图 6-2 所示。

二、显示【动作】调板

选取【窗口】|【动作】并按 Alt+F9 组合键（Windows）或选取【窗口】|【动作】（Mac OS），或者点按【动作】调板标签（如果调板可见，但未处于现用状态）。

默认情况下，【动作】调板以列表模式显示动作，您可以展开和折叠组、动作和命令。在 Photoshop 8.0 中，您还可以选择以按钮模式显示动作（与"动作"调板中的按钮一样，点按一下鼠标即可播放动作）。但是，不能以按钮模式查看个别的命令或组。

图 6-2　动作调板

A—包含已排除命令的动作或组；B—包含模态控制的动作或组；C—已包含的命令（切换命令开/关）；D—模态控制（打开或关闭模态控制）；E—已排除的命令；F—组；G—动作；H—已记录的命令

三、展开和折叠组、动作和命令

在【动作】调板中点按组、动作或命令左侧的三角形。按住 Alt 键（Windows）或 Option 键（Mac OS）并点按该三角形，展开或折叠一个组中的全部动作或一个动作中的全部命令。

四、选择动作

（1）点按动作名称以选择一个动作。

（2）按住 Shift 键并点按动作名称，可选择多个连续的动作。

（3）按住 Ctrl 键并点按（Windows）或按住 Command 键并点按（Mac OS）动作名称，可选择多个不连续的动作。

五、以按钮模式显示动作（Photoshop）

从【动作】调板菜单中选取【按钮模式】。再次选取【按钮模式】可返回到列表模式。

六、创建新组（Photoshop）

（1）在【动作】调板中，点按【创建新组】按钮。

（2）在【动作】调板菜单中，选取【新组】。

（3）输入新组的名称。

如果打算创建一个新动作并将其组合到新组中，请确保首先创建了新组。以后在创建新动作时，新组将出现在组弹出式菜单中。

七、Photoshop 历史记录实例

Photoshop 历史记录笔刷给美女祛斑——磨皮，如图 6-3 所示。

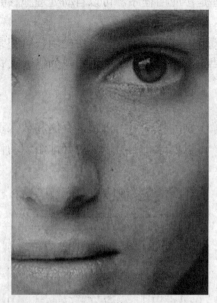
处理前

处理后

图 6-3　Photoshop 历史记录实例

（1）在 Photoshop 中打开原图，用高斯模糊滤镜，如图 6-4 所示。

（2）建立新的快照，然后在历史面板中回到打开那一步，注意快照 1 前面的笔刷图标，如图 6-5 所示。

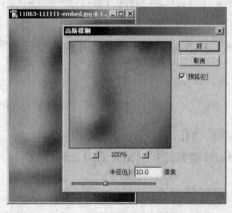

图 6-4　高斯模糊滤镜

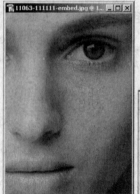

图 6-5　建立新快照

（3）选中历史记录笔刷工具，不透明度用 50%，值越低，越容易调整，但速度降低，值高则反之。还有眼、嘴等轮廓清晰的地方不要碰，如图 6-6 所示。

（4）根据自己的需要调整调整色阶和色彩平衡，如图 6-7 所示。

图 6-6　调整

图 6-7　最终效果

练 习 题

一、选择题

1. Photoshop 内定的历史记录是多少？（　　　）

　　A．5 步　　　　　　　B．10 步　　　　　　C．20 步　　　　　　D．100 步

2. 删除所有打开的图像文件的历史记录，应采用下列哪个命令？（　　　）

　　A．选择历史调板上的"清除历史记录"

　　B．【编辑】|【清除】|【历史记录】

　　C．按住 Ctrl（Windows）/Command（Macintosh）键的同时选择【清除历史记录】

　　D．按住 Option（Macintosh）/Alt（Windows）键并选择【清除历史记录】

二、操作题

打开一个图像文件，利用 Photoshop 的历史记录艺术画笔工具，得到印象派的特殊效果，可以用来给图像增加一些艺术效果。

滤 镜 和 插 件

在 Photoshop CS3 中，滤镜是处理和生成特殊图像效果的重要途径，通过使用各种滤镜，可以创建许多令人眼花缭乱的效果。虽然使用滤镜会得到各种炫目的效果，但并不是单靠滤镜就能达到所要的效果。创作主要还是围绕主旨进行的，而不是滤镜效果的简单堆积。

学习重点
- 滤镜的分类。
- 滤镜的使用规则与技巧。
- 滤镜的应用方法。
- 特殊滤镜。
- 重要内置滤镜讲解。

7.1 了 解 滤 镜

7.1.1 滤镜的分类

滤镜(T) 视图(V) 窗口(W) 帮助(H)	
上次滤镜操作(F)	Ctrl+F
抽出(X)...	Alt+Ctrl+X
滤镜库(G)...	
液化(L)...	Shift+Ctrl+X
图案生成器(P)...	Alt+Shift+Ctrl+X
消失点(V)...	Alt+Ctrl+V
像素化	▶
扭曲	▶
杂色	▶
模糊	▶
渲染	▶
画笔描边	▶
素描	▶
纹理	▶
艺术效果	▶
视频	▶
锐化	▶
风格化	▶
其它	▶
Eye Candy 4000	▶
Xenofex 1.0	▶
Digimarc	▶

图 7-1 滤镜菜单中的滤镜命令

Photoshop 中的所有滤镜都按类放置在【滤镜】菜单下面，【滤镜】菜单如图 7-1 所示。滤镜总体上可以分为内置滤镜和外挂滤镜。其中内置滤镜是指安装 Photoshop 时所自带的滤镜，如图 7-1 中从【像素化】到【其它】这 13 类滤镜为 Photoshop 的内置滤镜。

也可以安装外挂滤镜，也就是第 3 方增效滤镜，使用方法与 Adobe Photoshop 滤镜相同。与 Photoshop 内部滤镜不同的是，外挂滤镜需要用户自己动手安装。安装外挂滤镜的方法分为两种：一种是像安装一般软件一样进行安装，在安装包中找到安装程序文件（通常为 Setup.exe）双击它启动安装程序，然后根据安装程序的屏幕提示进行安装即可；另一种情况就是有些外挂滤镜本身不带有安装程序，而只是一些滤镜文件（扩展名为.8BF）。对于这些挂件，可以按以下方法安装到 Photoshop 中进行使用：把这些外挂滤镜文件复制到用户硬盘中，在"预置"对话框中另行指定外挂滤镜的路径即可。用户最好将外挂滤镜的文件复制到 Photoshop 安装目录下的增效工具文件夹下（增效工具文件夹一般在 C:\Program Files\Adobe\Photoshop cs3 目录下），这样可以同时使用 Photoshop 内置滤镜和新安装的外挂滤镜；如果不安装在同一个目录，则会出现 Photoshop 内置滤镜与外挂滤镜不能同时使用的麻烦。根据以上操作方法完成外挂滤镜安装后，重新启动 Photoshop，就可以在【滤镜】菜单底部看到刚才安装的外挂滤镜。如图 7-1 中"Eye Candy 4000" 和"Xenofex 1.0"即为 Photoshop 外挂滤镜。

7.1.2　滤镜的使用规则

所有滤镜的使用，都有以下几个相同的特点，必须遵守这些操作要领，才能准确有效地使用滤镜。

（1）Photoshop 会针对选区进行滤镜效果处理。如果没有定义选区，则对整个图像进行处理；如果当前选中的是某一图层或通道，则只对当前图层或通道起作用。

（2）滤镜的处理效果是以像素为单位的，它的处理效果与图像的分辨率有关。用相同的参数处理不同分辨率的图像，其效果不相同。

（3）当执行完一个滤镜命令后，如果按下 Shift+Ctrl+F 快捷键（或选择【编辑】菜单中的【渐隐】命令）将打开如图 7-2 所示的【渐隐】对话框。利用该对话框可将执行滤镜后的图像与原图像进行混合。同时，用户还可以在该对话框中调整不透明度和选择颜色混合模式。

图 7-2　渐隐对话框

（4）只对局部图像进行滤镜效果处理时，可以对选区设定羽化值，使处理的区域能自然地与原图像融合，减少突兀的感觉。

（5）在任一滤镜对话框中，按下 Alt 键，对话框中的【取消】按钮变成【复位】按钮，单击它可将滤镜设置恢复到刚打开对话框时的状态。

（6）在位图和索引颜色的色彩模式下不能使用滤镜。此外，不同的色彩模式其使用范围也不同，在 CMYK 和 Lab 颜色模式下，部分滤镜不能使用，如画笔描边、素描、纹理和艺术效果等滤镜。

（7）选择【编辑】菜单中的【还原】和【后退一步】命令，可对比执行前后的效果。

7.1.3　滤镜的使用技巧

（1）可以对单独的某一层图像使用滤镜，然后通过色彩混合而合成图像。

（2）可以对单一的色彩通道或者是 Alpha 通道执行滤镜，然后合成图像，或者将 Alpha 通道中的滤镜效果应用到主画面中。

（3）可以选取某一选区执行滤镜效果，并对选区边缘【羽化】，以使选区中的图像与原图较好的溶合在一起。

（4）可将多个滤镜组合使用，制作出漂亮的文字、图形和底纹。或者将多个滤镜录制成一个动作后进行使用，这样执行一个动作就像执行一个滤镜一样简单快捷。

7.2　滤镜命令的应用方法

7.2.1　应用单个滤镜效果

在图像中应用单个滤镜效果的操作步骤如下：

（1）打开要应用滤镜的图片。

（2）设置好要应用滤镜效果的工作层，或绘制选区以选取要应用滤镜效果的图像。

（3）在【滤镜】菜单中选取需要的滤镜命令，如果该命令没有对话框，将直接在图像中显示出滤镜效果；如果该命令有对话框，将会弹出相应的对话框。

（4）在对话框中设置适当的参数及选项，然后单击"确定"按钮，即可在图像中应用单个滤镜效果。

注意： 当执行一次滤镜命令后，【滤镜】菜单中的【上次滤镜操作】命令将自动变为上次执行的滤镜命令，选取此命令或按 Ctrl+F 键，可以重复上次执行的滤镜命令，按 Ctrl+Alt+F 键，将会弹出该滤镜命令对应的对话框，以便重新设置滤镜参数。

7.2.2 应用多个滤镜效果

滤镜库可以为图像累积应用多个滤镜，并可以分别查看每个滤镜的预览效果，还可以根据需要重新排列滤镜或更改滤镜参数，从而更灵活地处理图像以产生需要的效果。利用滤镜库应用多个滤镜效果的操作步骤如下：

（1）打开要应用滤镜的图片。

（2）选取菜单栏中的【滤镜】|【滤镜库】命令，弹出【滤镜库】对话框。

（3）在滤镜缩略图或【滤镜】菜单列表中选择要应用的滤镜命令，并在参数设置区中设置相应的参数及选项。

（4）单击对话框右下方的【新建效果图层】按钮，可以新建一个滤镜效果层，然后重新选择其他滤镜命令，并设置相应的参数及选项。

（5）在滤镜效果层中重新排列效果层的顺序，直至获得满意的滤镜效果，图 7-3 所示为依次应用【海洋波纹】、【霓虹灯光】、【底纹效果】滤镜后的对话框。

图 7-3　应用多个滤镜效果后的对话框

7.3　特　殊　滤　镜

特殊滤镜包括【抽出】、【液化】、【图案生成器】、【消失点】，下面我们分别讲解这 4 个特殊滤镜的使用方法。

7.3.1　抽出

【滤镜】|【抽出】命令常用于制作精确选择，其优点是可以将一个具有复杂边缘的对象从背景中分离出来，其对话框如图 7-4 所示。

图 7-4　【抽出】对话框

（1）【边缘高光器工具】 ✐ 用于将对象的边缘勾画出来，例如在图 7-4 中我们需要将脸谱从背景中分离出来，所以必须使用此工具围绕脸谱进行绘制。如果对象的边缘较复杂，可设置一个较小尺寸的【画笔大小】，否则输入一个较大的数值，以取得较宽的边缘线。

（2）【油漆桶工具】 ◇ 在画笔勾画出的轮廓中单击以填充实色，以便将需要选择出来或分离出来的对象完全覆盖起来，在图 7-4 中由于我们需要将脸谱分离出来，所以单击脸谱对其区域进行填色。

（3）使用【橡皮擦工具】 ◢ 可以删除边缘的高亮色。

（4）使用【吸管工具】 ◢ 以选择前景色。

（5）使用【清除工具】 ◪ 在图像中拖动可以使蒙版变成透明。

（6）使用【边缘修饰工具】 ◪ 可清除不理想的边缘高亮色。

（7）在【预览】选项区的【显示】下拉列表中选择一种显示方式以代替默认情况下的透明背景，其显示方式有【黑色杂边】、【白色杂边】、【灰色杂边】、【其他】及【蒙版】选项。

（8）在选中【智能高光显示】复选框的情况下，Photoshop 会忽略用户设置的画笔大小，自动应用刚好覆盖住边缘的画笔大小绘制高光，并且在用户描绘对象边缘时，能够自动捕捉

图 7-5　得到的具有精确边缘效果的图像

到对比最鲜明的边缘。

在【抽出】对话框中抽出图像的步骤如下：

（1）使用边缘高光器工具在需要选择出来的对象的边缘进行勾画，直至形成一条封闭的轮廓线。

（2）使用油漆桶工具在勾画出的轮廓中单击填充实色，以将需要选择出来或分离出来的对象覆盖起来。

（3）单击【预览】按钮，查看预览效果，如果不满意可以用边缘高光器工具重新勾画或使用橡皮擦工具擦除不需要的勾画轮廓线，单击【确定】按钮即可得到最终效果。

使用此方法将得到一个去除底色、周围为透明区域的图像，如图 7-5 所示。

7.3.2　液化

选择【滤镜】|【液化】命令，弹出如图 7-6 所示的【液化】对话框，使用此命令可以对图像进行扭曲变形处理。

图 7-6　液化滤镜对话框

对话框中各工具的功能说明如下：

（1）使用【向前变形工具】在图像上拖动，可以使图像的像素随着涂抹产生变形效果。

（2）使用【重建工具】在图像上拖动，可将操作区域恢复原状。

（3）使用【顺时针旋转扭曲工具】在图像上拖动，可使图像产生顺时针旋转效果。

（4）使用【褶皱工具】在图像上拖动，可以使图像产生挤压效果，即图像向操作中心点处收缩从而产生挤压效果。

（5）使用【膨胀工具】✧ 在图像上拖动，可以使图像产生膨胀效果，即图像背离操作中心点从而产生膨胀效果。

（6）使用【左推工具】▓ 在图像上拖动，可以移动图像。

（7）使用【镜像工具】▓ 在图像上拖动，可以使图像产生镜像效果。

（8）使用【湍流工具】≋ 能够使被操作的图像在发生变形的同时具有紊乱效果。

（9）使用【冻结蒙版工具】▓ 可以冻结图像，被此工具涂抹过的图像区域，无法进行编辑操作。

（10）使用【解冻蒙版工具】▓ 可以解除使用冻结工具所冻结的区域，使其还原为可编辑状态。

（11）使用【缩放工具】🔍 单击一次，图像就会放大到下一个预定的百分比。

（12）通过拖动【抓手工具】🖑 可以显示出未在预览窗口中显示出来的图像。

（13）拖动【画笔大小】三角滑块，可以设置使用上述各工具操作时，图像受影响区域的大小，数值越大则一次操作影响的图像区域也越大；反之，则越小。

（14）拖动【画笔压力】三角滑块，可以设置使用上述各工具操作时，一次操作影响图像的程度大小，数值越大则图像受画笔操作影响的程度也越大；反之，则越小。

（15）在【重建选项】区域中的【模式】下拉菜单中选择一种模式并单击【重建】按钮，可使图像以该模式动态向原图像效果恢复。在动态恢复过程中，按空格键可以终止恢复进程，从而中断进程并截获恢复过程的某个图像状态。

（16）选中【显示蒙版】复选框，在对话框预览窗口中，将以某种颜色显示图像被冻结的区域。在【蒙版颜色】下拉列表中选择相应的选项，可以定义图像冻结区域显示的颜色。

（17）选中【显示图像】复选框，在对话框预览窗口中显示当前操作的图像。

（18）选中【显示网格】复选框，在对话框预览窗口中显示辅助操作的网格。

（19）在【网格大小】下拉列表中选择相应的选项，可以定义网格的大小。

（20）在【网格颜色】下拉列表中选择相应的颜色选项，可以定义网格的颜色。

此命令的使用方法较为任意，只需在工具箱中选择需要的工具，然后在预览窗口中单击或拖动即可，图 7-7 所示为原图及使用【液化】命令变形头部后的效果。

图 7-7　原图及应用液化滤镜后的效果图

此命令常被用于人像照片的修饰，例如使用此命令将眼睛变大、脸型变窄等，读者可以尝试进行操作。

7.3.3　图案生成器

利用【图案生成器】滤镜工具，只需选择图像的一个区域即可创建现实或抽象的图案，如花朵、岩石等。利用此命令我们可以很方便地创建背景。选择【滤镜】|【图案生成器】命令，弹出的对话框如图 7-8 所示。

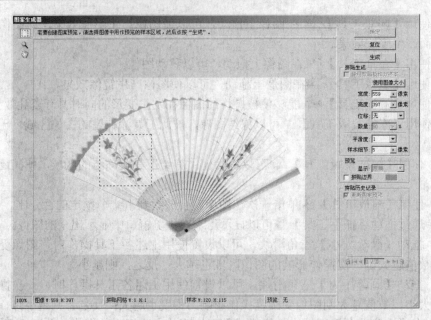

图 7-8　图案生成器对话框

此对话框中的各个工具及参数选项说明如下：

（1）使用【矩形选框工具】在图像中拖动，可以得到一个矩形选择区域。

（2）使用【缩放工具】单击一次图像就会放大到下一个预定的百分比。

（3）通过拖动【抓手工具】可以显示未显示出来的图像。

（4）选中【使用剪贴板作为样本】复选框，可以用存在于系统剪贴板中的图像或文字内容作为样本，生成图案。

（5）在【宽度】文本框中输入数值，可以设置形成最终图案的拼贴块宽度。

（6）在【高度】文本框中输入数值，可以设置形成最终图案的拼贴块高度。

（7）在【位移】文本框中输入数值，可以设置形成最终图案的拼贴块间错位的方向。

（8）在【数量】文本框中输入数值，可以设置形成最终图案的拼贴块间相错的位移量。

（9）在【平滑度】文本框中输入数值，可以设置拼贴块的平滑程度。

（10）在【样本细节】文本框中输入数值，可以设置拼贴块的细腻程度。

使用【图案生成器】命令生成图案，可以按以下的操作步骤进行：

（1）使用【矩形选框工具】在图像中拖动，得到一个矩形选择区域，此区域将定义用于生成图案的样本图像。

（2）在对话框中设置拼贴块的宽度与高度数值。

（3）单击【生成】按钮生成一个图案，此时【拼贴历史记录】区域的预览框中将显示该图像，而在对话框的中部预览窗口则显示由此图案拼贴生成的图像。

（4）单击【再次生成】按钮生成下一个图案，观察生成的图案，如果得到了满意的效果，单击【拼贴历史记录】区域下方的图标，在弹出的【保存】对话框中为图案命名，以将其保存起来。

（5）如果对图案不满意，可以单击图标将其删除。由于在单击【再次生成】按钮时，【拼贴历史记录】区域的预览框始终显示最近一次图案的效果，因此如果要观察以前的图案效

果,就要单击◄显示前一个图案,而如果单击I◄
图标,则可以跳至第一个图案。同样单击►可
以观察后一个图案的效果,而单击►I则可以观
察最后一个图案的效果。

（6）单击【确定】退出对话框,将得到使
用最后一次生成的图案拼贴生成的图像。图
7-9 所示为应用此命令生成的图案。

7.3.4 消失点

【消失点】滤镜的特殊之处就在于,我们
可以使用它对图像进行透视上的处理,使之与
其他对象的透视保持一致,选择【滤镜】|【消
失点】命令后弹出的对话框如图 7-10 所示。

图 7-9 应用图案生成器滤镜生成的图案

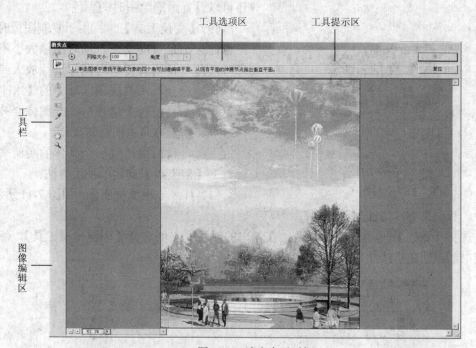

图 7-10 消失点对话框

下面分别介绍对话框中各个区域及工具的功能:

（1）工具区:在该区域中包含了用于选择和编辑图像的工具。

（2）工具选项区:该区域用于显示所选工具的选项及参数。

（3）工具提示区:在该区域中显示了对该工具的提示信息。

（4）图像编辑区:在此可对图像进行复制、修复等操作,同时可以即时预览调整后的效果。

（5）【创建平面工具】 ：使用该工具可以绘制透视网格来确定图像的透视角度。在工具
选项区中的【网格大小】输入框中可以设置每个网格的大小。透视网格是随 PSD 格式文件存储
在一起的,当用户需要再次进行编辑时,再次选择该命令即可看到以前所绘制的透视网格。

（6）【矩形选框工具】 ：使用该工具可以在透视网格内绘制选区,以选中要复制的图

像，而且所绘制的选区与透视网格的透视角度是相同的。选择此工具时，在工具选项区域中的【羽化】和【不透明度】文本框中输入数值，可以设置选区的羽化和透明属性；在【修复】下拉菜单中选择【关】选项，则可以直接复制图像，选择【明亮度】选项则按照目标位置的亮度对图像进行调整，选择【开】选项则根据目标位置的状态自动对图像进行调整，在【移动模式】下拉菜单中选择【目标】选项，则将选区中的图像复制到目标位置，选择【源】选项则将目标位置的图像复制到当前选区中。注意，没有任何网格时无法绘制选区。

（7）【仿制图章工具】🔖：按住 Alt 键使用该工具可以在透视网格内定义一个源图像，然后在需要的地方进行踪抹即可。在其工具选项区中可以设置仿制图像时的【画笔直径】、【硬度】、【不透明度】及【修复】选项等参数。

（8）【画笔工具】✐：使用该工具可以在透视网格内进行绘图。在其工具选项区中可以设置画笔绘图时的【直径】、【硬度】、【不透明度】及【修复】选项等参数，单击【画笔颜色】

右侧的色块，在弹出的【拾色器】对话框中还可以设置画笔绘图时的颜色。

（9）【变换工具】▦：由于复制图像时，图像的大小是自动变化，当对图像大小不满意时，即可使用此工具对图像进行放大或缩小操作。选择其工具选项区域中的【水平翻转】和【垂直翻转】选项后，则图像会被执行水平和垂直方向上的翻转操作。

下面，我们将通过一个具体的实例来讲解一下【消失点】滤镜的使用方法：

（1）打开一幅素材图像，如图 7-11 所示。

图 7-11　素材图像

在本例中，我们来为其附加封面图像。

（2）选择【滤镜】|【消失点】命令，在弹出的对话框左侧选择【创建平面工具】，然后沿右侧图书的正面角点绘制网格，如图 7-12 所示。

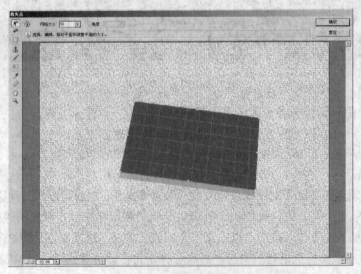

图 7-12　绘制透视网格

（3）绘制网格完毕后，单击【确定】按钮退出
对话框。下面就开始向网格中增加封面图像了。打
开封面图像，如图 7-13 所示，按 Ctrl+A 键全选图像，
按 Ctrl+C 键拷贝图像，关闭该文件。

（4）返回本例第 1 步打开的文件中，新建一个
图层得到【图层 1】然后选择【滤镜】|【消失点】
命令，在弹出的对话框中按 Ctrl+V 键粘贴上一步复
制的封面图像，并使用【变换工具】将其缩小并使
其逆时针旋转 90°，然后使用【变换工具】将封面
图像拖至透视网格中，注意随时根据需要缩放图像
的尺寸，直至得到类似如图 7-14 所示的效果，最终
效果如图 7-15 所示。

图 7-13　素材图像

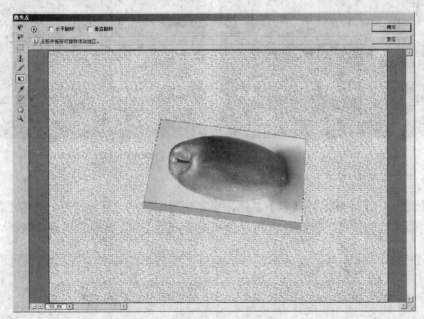

图 7-14　调整图像位置后的效果

图 7-15　最终效果图

7.4　重要内置滤镜讲解

Photoshop 内置滤镜功能强大、效果绝佳，正是由于这些滤镜，才使 Photoshop 具有了超强的图像处理功能，并进一步拓展了设计人员的创意空间。下面具体介绍 Photoshop 重要内置滤镜的用法及效果。

7.4.1　风格化

一、浮雕效果

使用【浮雕效果】滤镜勾划选区和边界并将周围转换成灰色，从而创建选区凸起或凹陷的效果，图 7-16 所示为原图与应用【浮雕效果】滤镜得到的效果。

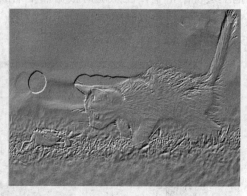

图 7-16　原图与应用浮雕效果滤镜得到的效果

二、风

使用【滤镜】|【风格化】|【风】滤镜，可以使用图像从边缘处产生一些细小的水平线，从而得到类似风吹的效果，如图 7-17 所示为原图及应用【风】滤镜后得到的效果。

图 7-17　原图及应用风滤镜后得到的效果

7.4.2　模糊

一、高斯模糊

使用【高斯模糊】滤镜可以得到模糊效果，使用此滤镜可以取得轻微柔化图像边缘的效果，又可以取得完全模糊图像甚至无细节的效果，如图 7-18 所示为原图及使用此滤镜的效果图。

图 7-18　原图及应用高斯模糊滤镜后得到的效果

在【高斯模糊】对话框的"半径"文本框中输入数值或拖动其下的三角形滑块，可以控制模糊程度，数值越大则模糊效果越明显。

二、径向模糊

使用【径向模糊】滤镜可以生成旋转模糊或从中心向外辐射的模糊效果，图 7-19 所示为【径向模糊】对话框及使用此滤镜的效果图。

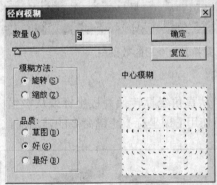

图 7-19　径向模糊滤镜对话框及应用示例

【径向模糊】的操作说明如下：

（1）拖动【中心模糊】预览框的中心点可以改变模糊的中心位置。

（2）在【模糊方法】选项组中选择【旋转】选项，可以得到旋转模糊的效果；选择【缩放】选项，可以得到图像由中心点向外放射的模糊效果。

（3）在【品质】选项组中，可以选择模糊的质量，选择【草图】单选按钮，执行得快，但质量不够完美；选择【最好】单选按钮，执行速度慢但能够创建光滑的模糊效果；选择【好】单选按钮所创建的效果介于【草图】与【最好】之间。

7.4.3　扭曲

一、置换

使用【滤镜】|【扭曲】|【置换】滤镜可以用一张 Psd 格式的图像作为位移图，使当前操

作的图像根据位移图产生弯曲。【置换】滤镜对话框如图 7-20 所示。

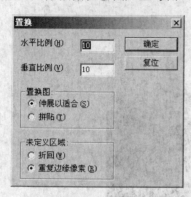

图 7-20 置换滤镜对话框

（1）在【水平比例】、【垂直比例】的文本框中，可以设置水平与垂直方向上图像发生位移变形的程度。

（2）选中【伸展以适合】选项，在位移图小于当前操作图像的情况下拉伸位移图，使其与当前操作图像的大小相同。

（3）选中【拼贴】选项，在位移图小于当前操作图像的情况下，拼贴多个位移图，以适合当前操作图像的大小。

（4）选中【折回】选项，则用位移图的另一侧内容填充未定义的图像。

（5）选中【重复边缘像素】选项，将按指定的方向沿图像边缘扩展像素的颜色。图 7-21 所示为原图、位移图以及应用【置换】命令后的效果图。

图 7-21 原图、位移图及应用【置换】命令后的效果图

二、极坐标

使用【极坐标】滤镜，可以将图像的坐标类型从直角坐标转换为极坐标或从极坐标转换为直角坐标，从而使图像发生变形，图 7-22 所示为使用【极坐标】滤镜命令的前后对比效果。

图 7-22 原图及应用极坐标滤镜后的效果

三、切变

使用【滤镜】|【扭曲】|【切变】滤镜可根据对话框中的曲线来弯曲图像，图 7-23 所示为原图及使用【切变】滤镜命令得到的弯曲的瀑布效果。

图 7-23　原图及应用切变滤镜后的效果

使用【切变】滤镜的方法如下：

（1）在【切变】对话框中的直线上单击一下即可增加一个节点，将单击增加的节点进行拖动，则可以按曲线的形状使图像发生弯曲变形。

（2）要删除节点，可以将该节点快速向预览窗口外拖动，待光标位于预览窗口外部时释放鼠标左键即可。

（3）如果要将曲线恢复为初始的直线状态，可以按住 Alt 键单击【复位】按钮。

7.4.4　锐化

【USM 锐化】滤镜常用来校正边缘模糊的图像，此滤镜通过调整图像边缘对比度的方法强调边缘效果，从而在视觉上产生更清晰的图像效果，图 7-24 所示为原图及应用此滤镜后的效果图。

图 7-24　原图及应用 USM 锐化滤镜后的效果

此对话框中的重要参数与选项说明如下：

（1）拖动【数量】调节滑块，可以设置图像总体的锐化程度。

（2）拖动【半径】调节滑块，可以设置图像轮廓被锐化的范围，数值越大，则在锐化时图像边缘的细节被忽略得越多。

（3）拖动【阈值】调节滑块，可以设置相邻的像素间达到一定数值时才进行锐化。数值越高，锐化过程中忽略的像素就越多，其数值范围为 0～15 之间。

7.4.5　像素化

一、晶格化

此滤镜将像素结块为纯色多边形，类似于晶体中的晶格，其对话框如图 7-25 所示，在此滤镜对话框中，可以调整【单元格大小】参数选项。图 7-26 所示是原图及应用此滤镜的效果图。

图 7-25　晶格化滤镜对话框　　　　　图 7-26　原图及后应用滤镜的效果图

二、马赛克

使用【滤镜】|【像素化】|【马赛克】滤镜可以将图像的像素扩大，从而得到马赛克的效果，图 7-27 所示是【马赛克】滤镜对话框及使用此滤镜的效果图。

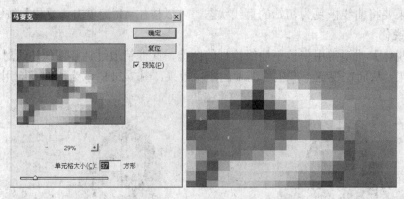

图 7-27　马赛克滤镜对话框及应用示例

7.4.6　渲染

一、云彩

使用【云彩】滤镜，可将前景色和背景色之间变化的随机像素值转换为柔和的云彩图案，所以要得到逼真的云彩效果，需要将前景色和背景色设置为想要的云彩颜色与天空颜色。【云彩】滤镜如图 7-28 所示。

二、镜头光晕

使用【镜头光晕】滤镜可以创建太阳光所产生的光晕效果。

在【镜头光晕】对话框的【亮度】文本框中输入数值或拖动三角滑块，可以控制光源的强度；在图像缩略图中单击可以选择光源的中心点，图 7-29 所示原图及应用【镜头光晕】后的效果图。

图 7-28　云彩滤镜示例

图 7-29　原图及应用镜头光晕滤镜后的效果图

三、光照效果

使用【滤镜】|【渲染】|【光照效果】滤镜，可以通过改变 17 种光照样式、3 种光照类型和 4 种光照属性，得到在 RGB 图像上产生无数种光照效果。

此外如果在其纹理通道中使用灰度文件的纹理图像，还可以产生凸出的立体效果此滤镜只能应用于 RGB 图像，其对话框如图 7-30 所示。

此对话框中的重要参数与选项说明如下：

（1）在【样式】下拉列表框中，可以从 17 种不同的灯光样式中选择合适的灯光。

（2）在【光照类型】下拉列表框中可以选择一种所需要的光线。

（3）拖动【强度】的调节滑块，可以设置灯光的强度。

（4）拖动【聚集】的调节滑块，可以设置灯光聚集范围的宽窄。

（5）设置【属性】选项组中的各选项值，可以调节【光泽】、【材料】、【曝光度】及【环境】等光线属性。

（6）在【纹理通道】下拉列表框中，可以选择通道为图像增加浮雕效果。

（7）选中【白色部分凸出】复选框，则光照通道的白色部分使图像突起，黑色部分使图像凹陷。图 7-30 所示为【光照效果】滤镜对话框、原图及应用示例。

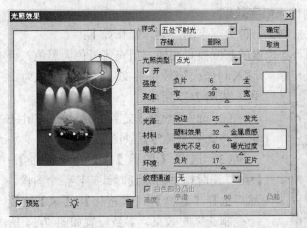

图 7-30　光照效果滤镜对话框、原图及应用示例

7.4.7　杂色

一、添加杂色

使用此滤镜可以为图像增加杂点，图 7-31 所示为原图及使用此滤镜后的效果。

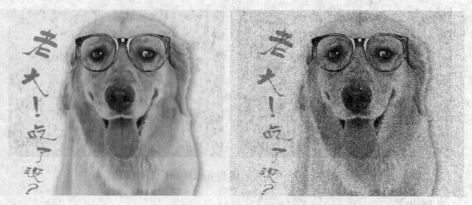

图 7-31　原图及使用滤镜后的效果

二、蒙尘与划痕

使用【蒙尘与划痕】滤镜可以消除图像的划痕，如图 7-32 所示为原图及此滤镜应用效果图。

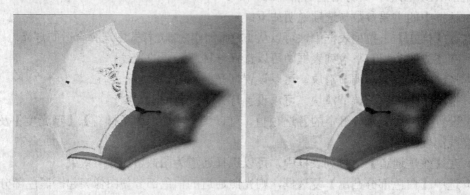

图 7-32　原图及应用滤镜后的效果图

7.4.8　利用"风"和"扭曲"滤镜制作火焰字效果

本例主要通过【风】和【扭曲】滤镜来制作一种火焰字的效果。操作如下：

（1）建立一个分辨率为 72dpi、640×480 像素的灰度模式图像，填充背景色为黑色。再输入制作火焰效果的文字，文字颜色为白色，如图 7-33 所示。

（2）选中【燃烧】文字图层，按下 Ctrl+E 键合并文字图层与背景图层。

（3）选择【图像】|【旋转画布】|【90°逆时针】命令逆时针旋转整个图像。然后选择【滤镜】|【风格化】|【风】滤镜命令制造风吹效果，参数设置如图 7-34 所示。执行一次【风】滤镜，往往风吹效果不明显，因此需要多次执行【风】滤镜来加强风吹效果，例如执行 3 次【风】滤镜，得到如图 7-35 所示的风吹效果。

图 7-33　输入文字

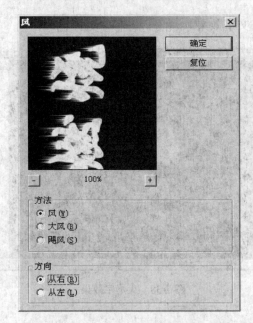

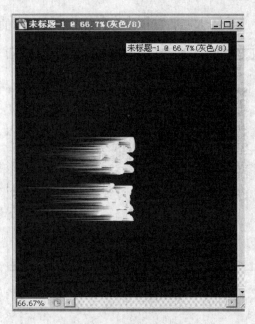

图 7-34　制作风吹效果　　　　　　　　　图 7-35　3 次风吹后的效果

（4）单击【图像】|【旋转画布】|【90°（顺时针）】命令顺时针旋转整个图像。再单击【滤镜】|【扭曲】|【波纹】命令制造图像抖动效果，参数设置如图 7-36 所示。

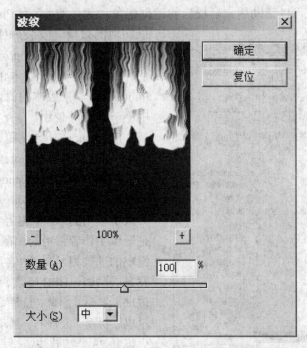

图 7-36　制作图像抖动效果

（5）选择【图像】|【模式】|【索引颜色】命令将图像转换为索引模式。再选择【图像】|【模式】|【颜色表】命令，打开如图 7-37 所示的【颜色表】对话框，在【颜色表】下拉列表框中选择【黑体】选项，单击【确定】按钮。

（6）最后，就可以得到如图 7-38 所示的火焰文字效果。

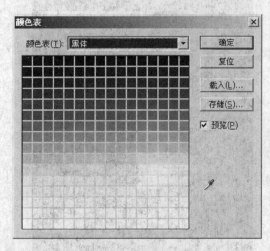

图 7-37　颜色表对话框

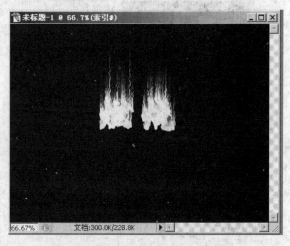

图 7-38　火焰字效果

7.5　外挂滤镜的应用

7.5.1　了解外挂滤镜

利用外挂滤镜，可以帮助用户轻松自如地创建各种各样的、仅靠 Photoshop 内置滤镜难以实现的效果。安装外挂滤镜以后，用户就可以像使用 Photoshop 内置滤镜那样使用它们了。但是基于版本的关系，一些用于 Photoshop 早期版本的滤镜在 Photoshop CS3 中不一定能够使用。

图 7-39　Eye Candy 4000 滤镜组

Photoshop 外挂滤镜有很多，比如"Eye Candy 4000"和"Xenofex 1.0"滤镜组。如图 7-39 所示即为【Eye Candy 4000】滤镜组。

Eye Candy 是 Photoshop 外挂滤镜中最广为人所使用的一组，内容丰富，其拥有的特效是影像工作者常用的，在 Photoshop 的外挂滤镜中的评价相当高。内含反相、铬合金、闪耀、发光、阴影、HSB 噪点、水滴、水迹、挖剪、玻璃、斜面、烟幕、旋涡、毛发、木纹、编织、星星、斜视、大理石、摇动、运动痕迹、溶化、火焰共 23 个特效滤镜。

7.5.2　"Eye Candy 4000"滤镜的应用

选择【Eye Candy 4000】|【Weave】滤镜，具体参数设置如图 7-40 所示。原图与应用【Weave】滤镜的效果图如图 7-41 所示。

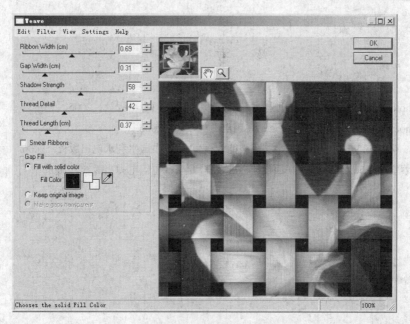

图 7-40　Weave 滤镜对话框

图 7-41　原图及应用 Weave 滤镜的效果图

参 考 文 献

［1］ 王敬. Photoshop CS3 印象质感表现技术精髓. 北京：人民邮电出版社，2005.

［2］ 雷波. Photoshop CS3 标准教程. 北京：中国电力出版社，2006.

［3］ 彭德林，明丽宏. Photoshop CS3 中文版技能教程. 北京：中国水利水电出版社，2006.

［4］ 王峰，蔡卓恩. Photoshop CS2 平面设计标准教程. 北京：中国电力出版社，2005.